21世纪全国高等院校艺术设计系列实用规划教材

产品设计表达

主　编　彭红　赵音
副主编　聂红　曾力　雷鸣　吴菁　王弥

内 容 简 介

本书设计理论与教学实践并重，以由浅入深的训练方法培养学生的造型能力、思考能力、创新能力和实践能力。全书汇集了上百幅优秀手绘作品，其中包括学生获奖作品以及已在期刊发表的作品，是最新教学成果的集中体现。本书的一大特色是技法的训练较全面，包括了水粉、水彩、透明水色、彩色铅笔、马克笔等各种材质的表达和经典表现技法。

全书从基础训练到深入训练，突出应用性操作技能，通过解析每一个训练环节当中学生容易出现的问题，来调动学生参与教学活动的积极性，可操作性较强。

本书既可作为高等院校产品设计、工业设计等专业的教材，也可作为从事产品设计的专业人士和设计爱好者的自学参考用书。

图书在版编目 (CIP) 数据

产品设计表达 / 彭红，赵音主编．—北京：北京大学出版社，2015.12

（21 世纪全国高等院校艺术设计系列实用规划教材）

ISBN 978-7-301-26493-5

Ⅰ．①产… Ⅱ．①彭… ②赵… Ⅲ．①产品设计 Ⅳ．① TB472

中国版本图书馆 CIP 数据核字 (2015) 第 262273 号

书　　名　产品设计表达
著作责任者　彭　红　赵　音　主编
策 划 编 辑　孙　明
责 任 编 辑　李瑞芳
标 准 书 号　ISBN 978-7-301-26493-5
出 版 发 行　北京大学出版社
地　　址　北京市海淀区成府路 205 号　100871
网　　址　http://www.pup.cn　新浪微博：@ 北京大学出版社
电 子 信 箱　pup_6@163.com
电　　话　邮购部 62752015　发行部 62750672　编辑部 62750667
印 刷 者　北京大学印刷厂
经 销 者　新华书店
889 毫米 ×1194 毫米　16 开本　9 印张　276 千字
2015 年 12 月第 1 版　2018 年 9 月第 2 次印刷
定　　价　42.00 元

前　言

产品设计的手绘表达是设计师理念的体现，是设计师与客户沟通的重要手段，在提倡创意思维表达的今天，原创和快速表达显得尤为重要，专业院校培养的产品设计师不仅应具有良好的专业理论素养，而且要有迅速、准确表达创意的能力。纵观国内外高校，莫不是如此，美国加州的艺术中心设计学院，其课程体系的特色之一就是设计表达类课程非常丰富，与设计表达相关的课程有十门之多。

今天，计算机软件建模和渲染使得艺术设计院校学生疏于手绘表达，沉迷于软件的学习和使用，有教育者的研究表明：更多的工科院校学生，乐于接受三维软件的表现方法，根本不屑于手绘表达，认为科技可以代替一切。另外，有些艺术院校的学生，假期热衷于参加各类手绘训练营，认为只有具备扎实的手绘功底，才能成为一名优秀的设计师，从而，这类学生有很好的描摹能力，但缺乏创新思维的表达；有很好的“默写”能力和程式化的表达，但缺少个性化的表现和蔑视“权威”的勇气；在权威面前，只有盲目崇拜和跟风学习，忽略了自身的个性表达。其实目前这种状况主要是院校教师教学导向问题，在教学中，教师除了给学生应有的示范，对于不同画风的学生，不应该“一棒子打死”、把个性的萌芽掐灭在摇篮中，而应该多鼓励学生个性化的表达，不拘一格的表现风格，不同产品允许用不同的手绘工具。在西方构建的以产业革命为坚实基础的产品表达上，允许学生加入中国传统文化的内核和表现手段，不排斥白描和水墨等表现技法。目前，武汉部分高校已经在艺术专业的第一和第二学期增加了中国传统造型语言的课程，所有专业学生一律必修这门课程。武汉科技大学艺术学院也已在2015级新生的培养计划中新增了该课程，旨在培养具有高素质、有文化内涵、有创新勇气和能力的设计师。

本书在通常的产品手绘表达的基础上，增加了创意素描和色彩的训练，有计划、有步骤的作业布置和示范图例(作业仅仅是启示，不同于临摹范例）更多的是强调学生的自由表达，提倡通过多种形式、多种手段去呈现不同视觉效果的产品效果图或快速表达。同时，本书第二章产品形态分析的内容，涉及产品形态设计，因为编者认为，单一地讲形态的画法未免浅显，从产品的功能、材料、结构、机构、数理方面进行描述，能够使学生“从整体到部分，再回到整体”，对产品有一个系统的认识，从而能更好地进行表达。本书的最后一部分是附件，集中了不同的手绘表现技法，补充了前面章节中没有涉及的内容，供读者参考。

本书的编者认为：在教学过程中，不应过多限制学生的表达方式，过于单一的表现形式不仅会浇熄灵感的火花，更压制了学生的个性表达，不利于创新思维的训练。因为，创意的表达有时比成熟、漂亮的线条和块面更有意义。

本书由彭红、赵音担任主编，聂红、曾力、雷鸣、吴菁、王弥担任副主编，赵音、曾力承担主要章节的编写工作，参与编写的还有陈亮亮、刘志强、郭芳吟、谢敏、王秦、熊孜等，全书由彭红统稿及审稿。本书是在“产品设计表达”讲义的基础上形成，经过多人提炼并不断更新，在学校教学中取得了良好的教学效果。

本书的编写得到了武汉科技大学教务处、艺术与设计学院工业设计、产品设计专业师生的帮助，在此表示衷心的感谢！同时，也向本书所引用图片和文献的作者致谢！2014 级产品设计同学和往届的学生为本书提供了优秀的作业，在此一并表示感谢！

由于作者水平有限，编写时间仓促，书中的错误和不足之处在所难免，恳请广大读者批评指正。

编　者

2015 年 10 月

目　录

第一章

概 述

课前训练

速写、设计色彩。

目的与要求

通过学习本章内容，了解产品设计表现图的功能与作用，以及产品设计表现图有哪些种类，熟悉手绘效果图的基本步骤。要求准备两到三本与产品手绘有关的课外学习资料，或打印资料，通过学习与实践，尽快认识产品手绘效果图的表现方法。

本章要点

通过认识产品手绘表现的功能及作用以及有哪些种类，遵循产品手绘表现图的基本方法与步骤，从而突出强调产品手绘表现所要表达的对象。

本章引言

产品设计这门学科在历经了多年的发展与完善后，已逐渐走向成熟，并逐步系统化、多样化、完整化。其要求越来越严格，这对现在的设计师而言，无疑是对各方面自我能力的挑战。

设计是一个创造性极强的过程，而创造则来源于思考与表现。在产品设计当中，设计草图、效果图是从思考到表现的一个创造思维的过程。它是在设计师进行了一系列前期工作，如市场调研、市场分析等之后，对产品开发方向和市场定位有系统认识之后的初步构想。而一个优秀的专业设计师，他能够把头脑中闪现的设计构想，以快速、清晰的表现手法展现出来，我们称之为设计草图。产品设计草图会为之后的产品效果图以及产品的制造打下坚实的基础。因此，产品表现技法是成为一名设计师必不可少的必修课程，它不仅是设计师创作表达设计的必要能力，也是对设计不断充实的积累过程。在积累中不断地发现问题，继而不断地解决问题，使设计越来越靠近最终的理想方案。

第一节 产品设计表现图的功能与作用

产品设计表现图作为一种沟通工具，在产品设计的过程中，运用各种媒介、技法和手段，以二维或三维的形式对设计构想进行形象、逼真的视觉化说明，从而使设计信息得到有效传递。产品设计表现图是设计过程中记录、推敲、构想、交流的重要手段，是设计创意的另一具体表现形式，其功能如下。

1. 收集记录信息

设计不是凭空而来的，在设计中，常常需要收集设计资料和对现有设计进行归纳与总结，如记录设计动态、技术创新信息等。用设计草图的方式可以形象地记录信息，如果与文字结合可以达到更加准确、直观的效果。

2. 快速表达构思

随着人类的进步和商业化的不断深入，对产品设计的要求不仅停留在丰富、严谨上，开发速度也是增加产品竞争力的重要手段。既要缩短产品的开发周期，又要保证质量，高效实用的设计表达无疑是不可或缺的。设计草图具有快捷生动的特点，在设计构思过程中可以激发构思，迅速记录灵感。

3. 推敲方案延伸构思

工业设计是创造的过程，在这个过程中不断发现问题、解决问题、创造完善是设计师的职责所在。设计师把自己头脑中的不确定形态以平面视觉效果展现出来，把想象的不确定性与真实的表现相结合。产品设计图不仅可以为业主及决策部门提供了解、评价和研讨的依据，也是设计师拓展方案、参与竞争的重要手段，是一系列的探求、发展、完善，以获得更具体、更完美的设计构想为目标的过程。

4. 设计交流

产品开发设计不仅仅是设计师一个人的事，为使产品不脱离实际，设计师必须常常与合作伙伴、工程师、决策者、客户等各方面沟通，以保证设计能向一个正确实用的方向发展。设计图在设计阶段无疑是一种清晰、明确、直观的交流语言。

第二节　产品设计表现图的种类

产品设计表现图从表现程度上分，可分为设计草图和效果图；从使用媒介上分，可分为手绘效果图和电脑绘制效果图；从工具、材料和方法上，又可分为淡彩（马克笔淡彩、色粉笔淡彩、彩色铅笔淡彩、水彩淡彩），水粉，喷绘。每种分法均以透视画法为基础。

产品设计表现图中的设计草图、设计速写主要用在产品设计前期的资料收集、方案构思和设计展示与讲解阶段。设计效果图主要用在设计方案的分析、功能评价、设计定位等产品设计深化阶段。产品三维模拟图主要用在产品完成阶段的宣传、展示和模型制作前的表现。产品三维模拟图主要通过计算机和应用软件来完成。

一、设计草图

设计草图可分为记录性草图和构思草图，通常用钢笔、签字笔或马克笔以及其他各种可能使用的绘图工具，灵活、快速地表现脑海中想到的每一个方案。也可以用彩色铅笔、马克笔等辅助工具描绘产品的阴影及表面色彩。

在草图的绘制中，有时可加入文字说明。这些文字可以是对某一点构思想法的记录，也可以是对某一处难以表达的细节进行说明。把容易忽略的细部和瞬间灵感记录清楚，并可与图形结合，表现更完整的意义。附加文字有助于设计师在之后的设计工作中的思考或与其他人交流。

1. 记录性草图（设计前期）

记录性草图是设计师收集资料和整理构思时用到的一种草图。这些草图通常比较详细，甚至会去表现局部细节，记录较为复杂的、细微的形态，这些草图对于设计工作有很大参考作用，同时也体现了设计师的积累过程，可以对后面的设计起到引导作用。

2. 构思草图（设计中期）

从开始模糊的概念，到产品的方案构思推敲，再到最后对产品外观结构深入设计，这个思考、改进完善设计的过程，都需要用草图来表现。构思草图主要强调一个思考的过程，把一些对产品的推敲从头脑中的意象转变为图形的具象，让图形辅助思考，它对理顺设计思路，找到合理的设计定位有很大帮助。这些草图往往会让设计师的思维更活跃。这也是创新、灵感迸发的阶段，崇尚自由创作的阶段。

构思草图是最直接、最直观表达自我想法的手段，也是设计师与他人沟通的最佳途径。通过构思草图可以把自己的设计构思直观、清晰地表达出来，以便与其他设计师、工程师、决策者和客户进行交流，以得到各方面的反馈意见，从而对设计作进一步的完善。如图 1.1 至图 1.5 是从设计构思到最终成型的产品设计图。

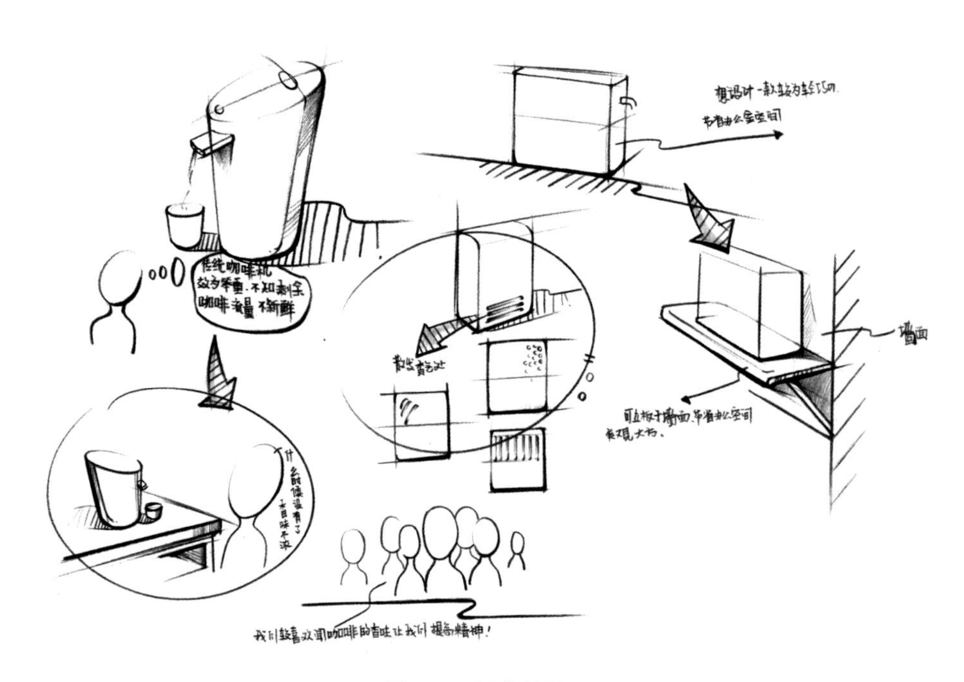

图 1.1 概念草图

图 1.2 构思草图

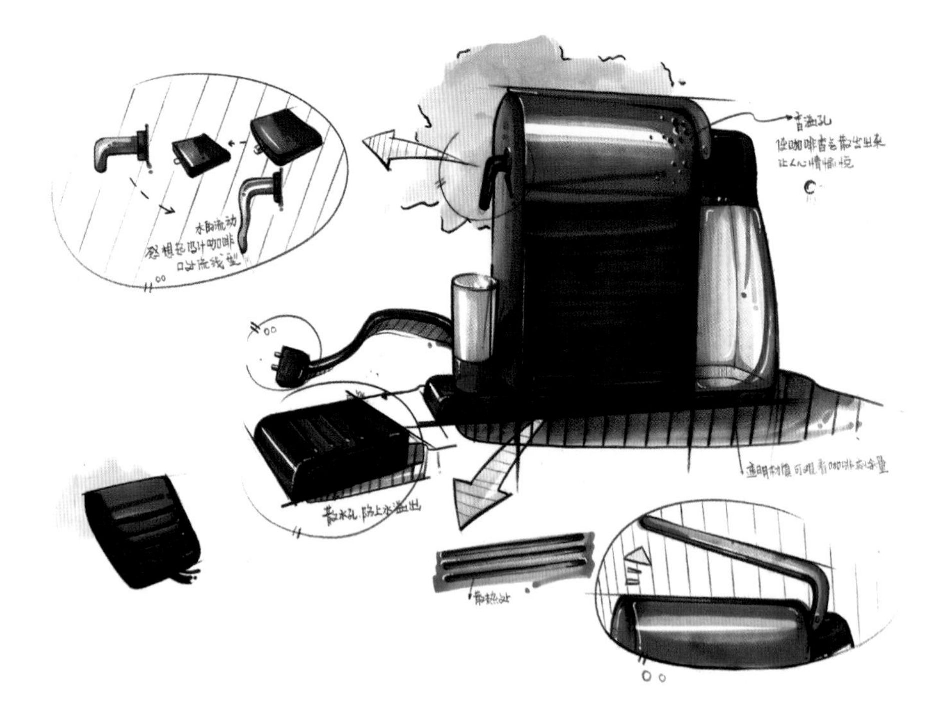

图 1.3　分析草图

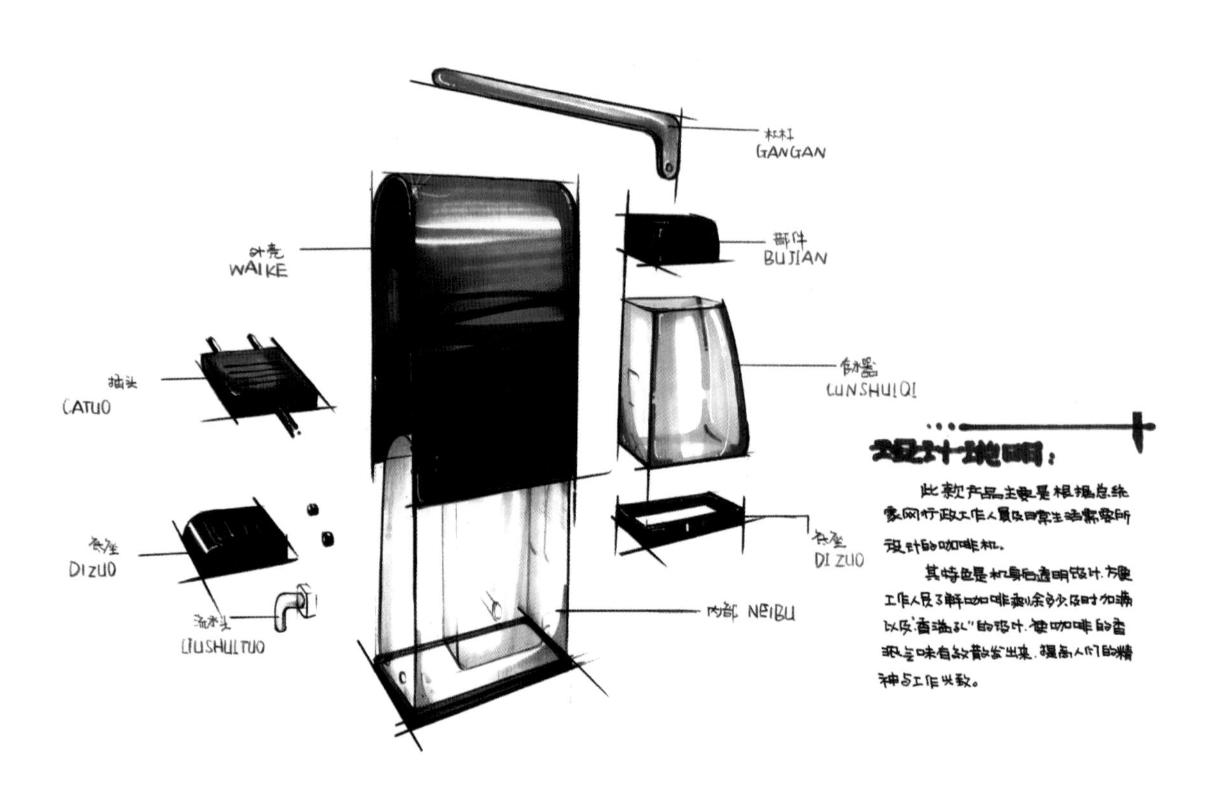

图 1.4　结构草图

图1.5 手绘效果图

二、设计效果图

设计效果图建立在成熟构思的基础上，呈现的是一种方案效果图。其表现形式多种多样，可分为手绘效果图和计算机辅助。

1. 手绘效果图

对于基本定型的方案，需要通过较正式的手绘效果图来表达。常见的产品设计效果图的表达方法有：透明水色画法、水粉底色画法、色纸画法、高光画法以及色粉与马克笔的画法等。

2. 计算机辅助效果图

为了更真实地体现产品的形体、质感，可用计算机绘制效果图。犀牛、3dMax 等软件，不仅能够立体地表现设计方案的形态结构，还可以随心所欲地表达出产品的色彩、质感、材料特点和光源效果，甚至可以进行动画编辑、操作状态的演示。现阶段常用的软件有 CorelDRAW、Photoshop、3dMax、犀牛、ProE 等软件。Photoshop、CorelDRAW 软件适合表现操作面板设计效果，还可以在三视图的基础上表现产品各个投影面的真实效果。3dMax 软件用于表现产品的三维立体效果和表面质感，适合用于产品宣传和决策。犀牛软件适合产品内部结构的表现。ProE 软件也是一种三维软件，建立在 AutoCAD 基础之上，可以直接驱动激光快速成型机做出真实的产品样机模型（图 1.6 和图 1.7）。

图 1.6　计算机辅助效果图（一）

图 1.7 计算机辅助效果图（二）

第三节 手绘产品设计表现图的基本步骤

本节以马克笔为例，来讲解手绘产品设计表现图的基本步骤。

1. 铅笔起稿

首先，把握好透视和大的体积关系。注意一些大面的分割要准确，如屏幕、按键、装饰件等。使用铅笔时尽量轻一些，自己能够看清楚就可以，这样有利于后期修改，同时保持画面的整洁。

2. 勾线笔描绘

根据第一步铅笔勾的大形，用勾线笔等进行描绘，强调轮廓和转折等重要线条，注意虚实、轻重变化，背光部、底部用粗线条，亮部、远处用细线条。铅笔描绘不太准确的地方，可用勾线笔重新勾画改正。大的形体确定后，再把细节部分表现出来，如分割线、孔、转折面等。

3．细节补充

有些产品需要加上 LOGO，按键数字标识，或其他文字，根据实际情况以透视关系刻画即可。

4．马克笔上色

选择同一色系的几支不同深浅的马克笔，配合使用，可以表现出产品的立体感，配合其他色彩区分产品的颜色搭配感觉。在大的块面采用平涂方式，可在需要加深的地方重复，但要注意线条最好不要交叉。马克笔上色也要遵循光的作用，利用不同颜色的深浅表现明暗，并在反光的地方留白。

5．收尾

最后，对一些体积和转折的地方进行处理，用深色马克笔画出暗部和投影。画投影时不要涂死，可通过点、线、面的结合，留出透气的地方。再用白色的铅笔点出高光，能使整个产品的体量感更加强烈。

设计表现图不可能靠一朝一夕就达到高水平，它与平时的勤奋练习是分不开的。通过长期练习，才能形成自己的风格和习惯，画起来才会得心应手。对于初学者来说，可以先临摹一些他人的优秀设计图。其目的是练习运笔的熟练和线条的控制，逐步可加强其他练习。比如，照真实产品图片来绘制，自己来处理明暗关系。就像培养语言的语感一样，培养绘画感觉，由浅入深，相信进步是愈加明显的。

课后练习

教学方式：教师采用 PPT 结合图片进行讲授，让学生理解产品表现与基础素描、色彩的相同之处与差异性，让学生对产品设计表现图的绘制有一个新的认识及了解。通过观看学生优秀作品与设计师手绘过程演示，激发学生的学习兴趣，认识产品手绘表现的重要性，同时还可以现场示范手绘技巧，做到与学生的教学互动。

本章思考题：

（1）通过互联网以及图书馆查阅与产品表现技法相关的资料，帮助尽快认识产品设计表现图；

（2）思考产品设计表现图有哪些表现形式；

（3）留意身边常用产品的形态与结构。

第二章

设计手绘表达的前期准备

课前训练

设计素描、结构素描、意象素描。

目的与要求

通过学习本章内容，了解手绘工具，理解透视作图的基本概念、基本理论及作图方法，掌握透视条件的选择及曲面、立面的透视，并将所学透视图画法运用到实际设计中去。

本章要点

绘制效果图常用工具、材料的应用。
设计快速表现及效果图常用表现技法的运用。

本章引言

“工欲善其事，必先利其器”。随着工业技术的发展，新的绘画工具也正在不断出现。它的广泛应用，大大丰富了产品设计表现的效果。绘制设计表现图所使用的工具和材料种类繁多，了解和掌握它们的使用方法，将给设计师提供很多便利。

第一节 工具及应用材料的选择及使用

绘制产品设计草图所需要的常用工具有：钢笔、针管笔、签字笔或马克笔，彩色铅笔、色粉笔等。

一、常用工具

1. 笔

绘图工具描绘画稿时，笔的运用最为普遍，主要有以下几种：铅笔、彩色铅笔、水溶性铅笔；签字笔、圆珠笔、针管绘图笔、钢笔、鸭嘴笔；色粉笔、马克笔、水性彩色笔、油性彩色笔；喷笔、马克喷笔；毛笔、水彩笔、油画笔、底纹笔（主要用于涂背景或大面积着色）、尼龙笔；铁笔、纸笔、高光笔等。

2. 绘图仪器

直尺、三角板、丁字尺、曲线板、蛇尺、椭圆板、圆模板、界尺、万能绘图仪、圆规等。

3. 辅助工具

调色盘、笔洗、橡皮擦、美工刀、电吹风以及乳胶、胶带、涂改液、定型液（固定色粉和彩色铅笔等，定型后有耐久性和耐磨性，还能再次描绘）、遮盖胶带、遮盖膜等。

二、常用材料

随着工业设计专业的迅速发展，设计材料也日新月异，品种繁多。常用材料主要指颜料和纸张。

（1）颜料：水粉颜料、水彩颜料、透明水色（彩色墨水）、中国画颜料、针笔墨水、丙烯颜料等。

（2）纸张：设计表现图用的纸特别多而杂，一般质地较结实的绘图纸有以下几种：素描纸、水彩纸、水粉纸、白卡纸、复印纸、铜版纸、马克笔纸、彩色纸板、转印纸等，这些都是绘图的理想纸张。每一种纸配合不同的工具和材料，会呈现出不同的质感。

三、常用工具、材料的应用

随着时代发展与设计要求的不同，设计师对工具和材料的应用也在不断更新。作为一名设计师，首先应了解笔、纸张及辅助工具的特性，并能熟练掌握它们。

1. 笔的应用

1）铅笔

铅笔包括普通铅笔、自动铅笔、绘图铅笔和碳画铅笔等，在此主要介绍一下绘图铅笔（图 2.1）。铅笔是设计师较喜爱的工具，在画图时能表现其粗细、深浅变化。由于铅笔线可擦改，设计师在画图时没有负担，画出来的线条更加流畅，特别是画一些流线型的产品时，往往能够准确地表现出变化丰富的外形。由于其耐久性不强，一般不适合对产品资料的收集，在草图构思阶段运用效果较好。

图 2.1　铅笔

运用铅笔画图时，落笔要肯定，运笔可稍快，如果第一笔不准确，矫正手腕后画第二笔，线条画完后可以运用素描功底略施加明暗，使产品更具有立体感。也可以根据不同需要，使用其他可擦改的笔，如碳笔、彩色铅笔等。

使用铅笔画图应注意的问题：

（1）绘图铅笔笔芯的软硬度不同，其明度变化也不同。一般画草图时使用 HB~2B 型号的铅笔，设计构思时一般使用 B~4B 型号的铅笔。

（2）不要过多地使用橡皮，表现色彩时会留下痕迹。一般来讲，3H 以上和 5B 以下的绘图铅笔选用较少，因为笔芯太硬或太软，容易划伤纸面或铅色难以附着。

（3）削铅笔时，先将铅笔芯削出 8~10mm，然后将铅笔芯的一边削成斜面，这样便可以绘制出不同粗细的线条来。中硬性铅笔最好削成尖锥状，软性铅笔则可削成斜面或削成长条状，以扩大铅笔的表现力，表现宽窄不同的线条。在使用过程中，要注意线条的组织，利用笔锋的粗、细、浓、淡以及并排、交叉、重叠等多种方法来表现不同的画面效果。

2）针管笔

针管笔是绘图常用的笔，有粗细很多型号，其特点是线条均匀，我们在画速写时常用 03 号笔和 05 号笔，03 号笔画出的线条清秀、安静、有条理，适合画一些外观较精致的产品。画图时一定要注意透视准确，行笔可稍慢，画第一根透视线时要多考虑运笔的起点和落点，画第二根线条时要与第一根线条进行比较，依此类推。由于针管笔较纤细，因此，在画图时要画得深入，将形态的结构与文字排列等尽量表现出来。在收集产品资料时，如果将 05 号笔和 03 号笔结合起来画，效果也非常好。使用 03 号笔画内部转折线和结构线，使用 05 号笔画外轮廓线，这样粗细对比所表现的产品十分清晰。现在市场上有一种一次性绘图笔，使用起来也非常方便（图 2.2）。

图 2.2 针管笔（勾线笔）

针管笔的保护：

（1）每天使用的针管笔，应该每月清洗一次；每周使用的针管笔，应该每周清洗一次；如果使用时间相隔很长最好将笔清洗好放置。在放置时，盖好笔帽，不要用力太大，以免使塑料笔帽破裂影响密封性能。

（2）在画图时，如果出现断线时，这就说明针管笔流水不畅，需要清洗针管笔，这时用力震动针管笔和等待都起不了多大作用。

（3）在使用针管笔画图时，不要使用较软或表面粗糙的绘图纸，以免损坏笔针。

3）鸭嘴笔

（1）特性：鸭嘴笔多用来绘制效果图的单线部分，通过笔上的螺母调节，可画出宽度不等的线条，并能自由变换色彩（图 2.3）。画出的线条笔触整洁圆润，画面干净，但鸭嘴笔在使用过程中稍显烦琐。

图 2.3 鸭嘴笔

（2）使用方法：先在两片鸭嘴尖的中间，用毛笔蘸上颜料，注意颜料不要调得过稀或过稠，然后像握钢笔一样直握用笔，运笔时带螺母的一边应保持向前。

（3）注意事项。

首先，作图时笔尖应正对所画线条，位于行笔方向的铅垂面内，保证两笔叶片同时接触纸面，并将笔向运笔方向稍作倾斜，保持均匀一致的运笔速度。

其次，鸭嘴笔叶片外表面沾有墨水，应及时清洁，以免画线时污染图纸。

最后，鸭嘴笔用毕后应将余墨擦干净，并将调节螺丝放松，避免出现笔叶变形的现象（教师现场演示图片并讲解）。

图 2.4　马克笔

4）马克笔

（1）特性：马克笔是绘制设计表现图常用的一种工具，携带方便，表现效果好（图 2.4）。

目前的马克笔种类分为水性、油性和酒精性三种。在对形态进行渐变表现时，油性马克笔和酒精马克笔的表现效果相对比较到位，因为它在快速行笔的过程中不会出现笔痕，能较好地反映形态的光顺度。从笔的样式上看，有单头、双头的马克笔，还有一次性的和可注水的马克笔等。马克笔可以分为黑灰系列和彩色系列，它和水溶性彩色铅笔一样，每支笔都有色彩的编号，可根据马克笔的编号去选择。

（2）使用方法：马克笔的笔头形状有宽有窄、有粗有细，基本上有以下几个型面：尖锋、宽锋、底面平锋。尖锋通常是用来画细线和细部刻画；宽锋和底面平锋则比较适合处理大的面积和粗线条。由于马克笔色彩的透明性和快干性，若采用快速刷笔的手法，结合色粉和高光，能更好地体现材料质感（教师现场演示图片并讲解）。

马克笔的运笔方法主要有渐变、平涂、点描等种类。渐变是一种常规性的表现手法，多用于曲面的过渡、背景的处理等；平涂多用在体面的转折处、暗部和背景处，排列笔画时，要使两笔之间尽量重合，以确保笔与笔之间的相互渗透；点描通常使用在圆角和形态的转折上，力争做到落笔成形，切忌反复描摹。

（3）使用马克笔应注意的问题：①购买马克笔时，应该根据购买能力按色相一类一类地购买，比如购买绿色系，按明度关系构买 3 ~ 4 支不同明度的绿色笔，再购买其他色相类的笔。②使用马克笔时，要及时盖好笔帽以延长使用时间。③不要在粗糙的纸面上用力画图，这样可能会损伤笔头。④在表现色彩较纯的产品时，也可选用油性马克笔。

5）色粉笔

（1）特性：色粉笔的主要特点是可以绘制出大面积的、十分平滑的过渡面和柔和的反光，特别适合绘制各种曲面以及以曲面为主的复杂形体，在质感刻画方面对于玻璃、高反光金属等的质感有着很强的表现力（图 2.5）。

色粉笔是用色粉混合黏合剂制作而成的，比较适合表现细腻、过渡自然的材质，对反光、透明体、光晕的表现有很好的效果。但是，色粉笔的明度、纯度较低，附着力较差，常和马克笔、彩

图 2.5　色粉笔

色铅笔结合使用，而且要配合定型液一起使用。常见的色粉颜色是以色粉粉末压制的长方体或圆柱体小棒，一般从几十色到几百色不等，颜色上一般分为纯色系、冷色系和暖灰色系。由于色粉笔的使用十分便捷，是现代设计师十分喜爱的工具。

（2）使用方法：色粉可直接绘制长短线，然后再进行适当的效果处理；也可用美工刀将色粉均匀地刮下来，用纸巾或化妆棉在色粉上研磨后，擦拭在所要表现的位置上。在初稿完成后，用定型液将图面喷洒一遍，待定型液干透再进行描绘。在画面颜色不深的位置逐步加深，直到效果满意为止（教师现场演示图片并讲解）。

6）彩色铅笔

彩色铅笔最大的优点就是很容易控制，可以表现细腻的产品亮面或反光效果，也适合表现织物、皮革等较软的材料质感（图 2.6）。

图 2.6　彩色铅笔

彩色铅笔的种类如下。

①水溶性彩色铅笔：使用铅笔画完后，再用水将色彩溶解开，使画面具有水彩画的湿润效果。

②油性彩色铅笔：就是我们常用的普通铅笔。

③油溶性彩色铅笔：使用铅笔画完后，用油画油将色彩溶解开，使画面具有油画的厚实效果。

④白色高光铅笔：效果图绘制完毕后，使用白色高光铅笔画出产品的高光或反光，使产品效果更加生动。

7）美工笔

美工笔正、反两面可以画出粗细不同的线条，正面画出的线肯定、洒脱、变化无穷；反面画出的线条纤细，两面结合起来画，图面效果会更好。反面运笔，画形态受光的外廓线和内结构线；正面运笔，画出形态背光的轮廓线和暗部、阴影线。

注意事项：用美工笔画图，落笔要肯定，运笔要稍快，画图前最好先清洗笔，保持笔内墨水的流畅。

8）水粉笔

水粉笔是绘制设计表现图中常用的工具。按笔锋的大小不同水粉笔可分为 12 种型号，有 12 支一起套装销售的，也有 6 支一起套装销售的。6 支一套的水粉笔就基本能满足需要。水粉笔按笔端的材质不同，又分为羊毛水粉笔（图 2.7）和尼龙水粉笔（图 2.8）两种。

图2.7　羊毛水粉笔

图2.8　尼龙水粉笔

羊毛水粉笔的笔端以天然羊毛制成，蓄水量大，颜色绘制饱满，常用于湿画法，但是羊毛水粉笔的笔锋不够平整锐利，弹性也不够强，不适合绘制清晰的笔触效果。

尼龙水粉笔的笔端由人造尼龙丝制成，笔锋平整锐利，弹性极强，笔触整洁。但是尼龙笔蓄水量不大，运笔距离不宜太远。

9）底纹笔

底纹笔的笔头由羊毛制成，质软，主要用于涂施大面积底色和色块，是最常用和必备的工具（图 2.9）。使用时，用底纹笔蘸上调好的颜料在裱好的纸面上涂刷，颜色的浓淡以及涂刷的笔触方向可根据需要而定。由于纸的吸水性能，在涂了第一层底色后，纸面会拱起，所以应在吹干、整平后，再涂第二层颜色，从而保证笔触的流畅性和画面的整洁性。

图2.9　底纹笔

10）中性签字笔（勾线笔）

中性签字笔又称勾线笔（图 2.10），是最常用和必备的写字工具之一，由于它出水流畅，线条粗细均匀而干净利落，最适合用来勾画产品的轮廓和结构。绘图者可根据作画需要选购 0.1~0.5 粗细的笔头。

图2.10　中性笔（勾线笔）

注意事项：用中性笔画图，落笔要肯定，在绘画过程中需注意，避免出现断线和碎线，否则会造成产品结构的松散和整体感的破坏。

2．纸的应用

常用于手绘的纸主要有水彩纸、水粉纸、素描纸、卡纸和色纸等。

1）水彩纸

水彩纸是最受设计者欢迎的一种手绘用纸。它的纸质厚度适中、富有弹性，吸水性较强，无论是用于湿画法还是干画法，都能保持良好的画面效果。

2）水粉纸

水粉纸是一种吸水性良好、质地适中，涂色后色彩均匀、效果颇佳的纸张。使用时，多选择表面颗粒细腻的一面，便于深入刻画形体的细部。

3）素描纸

素描纸是一种价格便宜、使用普遍的纸张。由于纸质较松，切忌用橡皮过多磨擦纸张，否则会使纸面起毛而影响着色效果。

4）卡纸

卡纸是一种厚而较硬的纸。初用时较难把握，但却具有独特的表现效果，因此被许多设计师所经常运用。卡纸主要包括灰白两面卡、纯白卡两种。灰白两面卡的灰色一面，纸质疏松，涩而不粗糙，吸水性强，而且还有一种渗化、低沉的性能。但要注意，灰面在着色后彩度会降低，变化较大。白色一面，光滑、细腻，在与棕刷配合应用时，特别适合表现带有不均匀色线的、有速度感的笔触。缺点是厚颜色的附着稍差。纯白卡纸，性能与厚素描纸接近，纸面较光滑，吸水性较弱，着色后色彩透明鲜艳，易留下笔触。

5）色纸

色纸的质地较细，类似卡纸。现在市场上有多种颜色可供选择，也可以通过用颜料涂刷底色的方法来自制色纸。它在绘制设计表现图中是一种新兴的材料。

3．尺规及辅助材料应用

1）分类

尺规包含尺子和圆规两类，主要有界尺、三角板、丁字尺、直尺、蛇形尺、椭圆板和曲线板等。

为了提高表现效率和表达效果，经常采用的辅助材料有画刀和美工刀、电吹风、吸水纸、夹子和橡皮、胶带纸、白乳胶、塑料盒、图板、遮盖膜等，如图2.11至图2.16所示。

2）界尺的使用

界尺，在绘制效果图中，是起支撑和稳定运笔作用的一个有效工具。界尺可在市场上直接购买，也可以自己动手制作，用两把40厘米左右的直尺和双面胶即可完成。

操作界尺一般要同时使用两支笔，手法如握筷子状。在绘制时，将界尺平放或直接手持在画面中，与需要绘制的直线平行，使其距离适中。同时，将画线的笔蘸足颜色，保证其在画线的过程中能够均匀着色，然后以另一支硬笔的一端为支点，平行移动两支画笔，绘制着色均匀的直线。

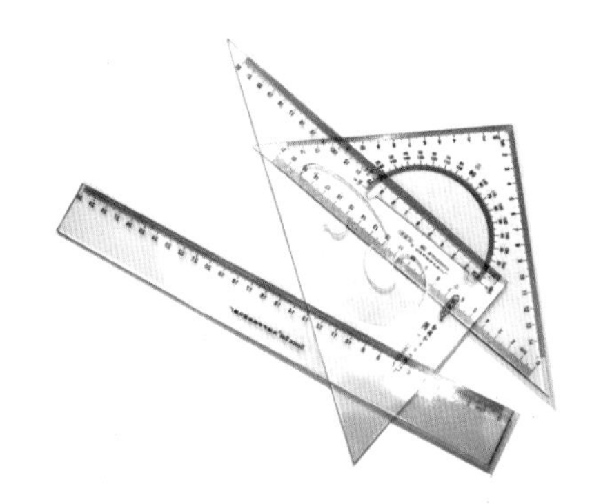

图 2.11　尺类工具

图 2.12　图板

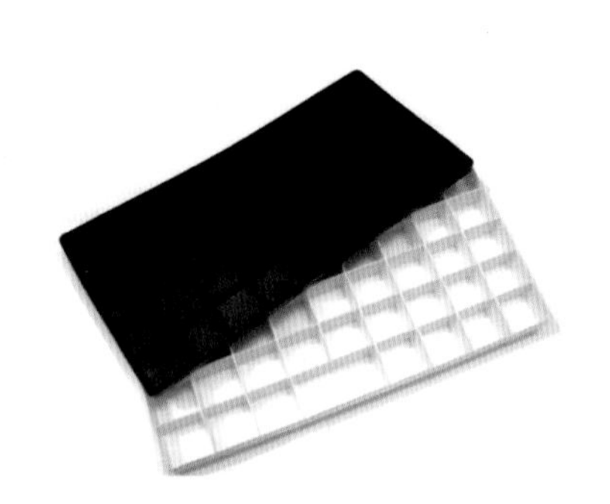

图 2.13　颜料盒

图 2.14　画刀和美工刀

图 2.15　胶带纸

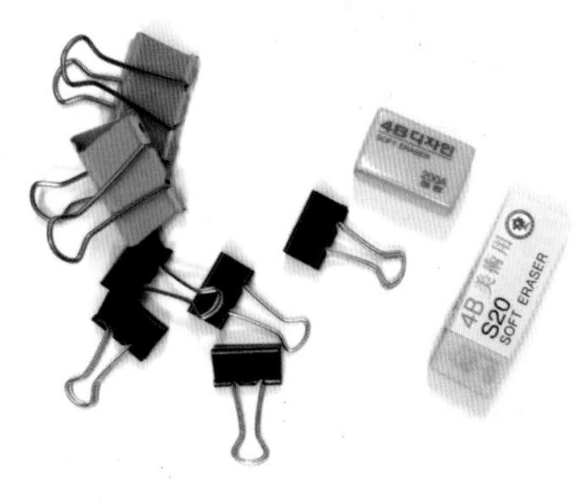

图 2.16　夹子和橡皮

3）蛇形尺的使用

蛇形尺比曲线板更为灵活方便，适用于自由曲线的绘制（图 2.17）。在绘制曲线时，首先要求蛇尺弯曲流畅，不能存在小的凹凸线，手要紧靠蛇尺，用力均匀，不能使其变形。

图 2.17　蛇形尺

4）高光笔的使用

高光笔是效果图即将完成时所使用的辅助工具。点高光是绘制效果图的重要技法之一，熟练掌握高光笔的使用方法，将会对表现图起到画龙点睛的作用。我们一般选用尼龙毛笔作为高光笔。商店也可买到一种类似圆珠笔的高光笔。

4. 产品效果图绘制过程中应注意的问题

（1）准确性：准确地表达形体的透视和比例。

（2）真实性：光影、色彩等遵从现实规律。

（3）说明性：明确表达产品的色彩、质感等。

（4）艺术性：在真实的前提下进行适度夸张、概括和取舍。

第二节　基本透视及产品表现典型的透视图

透视一词来自拉丁文“perspicere”，意为“透而视之”。含义就是通过透明平面（透视学中称为“画面”，是透视图形产生的平面）观察，研究透视图形的发生原理、变化规律和图形画法，最终使三维景物的立体空间形状落实在二维平面上。

由于人眼睛的特殊生理结构和视觉功能，任何一个客观事物在人的视野中都具有近大远小、近长远短、近清晰远模糊的变化规律，同时人与物之间由于空气对光线的阻隔，物体的远、近在明暗、色彩等方面也会有不同的变化。因此，透视分为形体透视和空气透视。形体透视也称几何透视，如平行透视、成角透视、倾斜透视、圆形透视等。空气透视，是指形体近实远虚的变化规律，如明暗、色彩等。

1. 透视绘图基本要素

（1）视点（E）：画者眼睛的位置。

（2）站点（S）：视点到地面的垂足。

（3）心点（C）：视点到画面的垂足。

(4)距点(D)：与画面成45° 角直线的灭点。

(5)余点(Y)：非一点透视画面的灭点。

(6)视线(SL)：视点和物体上各点的连线。

(7)视心线(CVL)：视点和心点的连线。

(8)视平线(HL)：视平面和画面的交线。

(9)视高线(HL)：视平面和画面的交线。

(10)基线(GL)：画面和基面的交线。

(11)画面(P)：假想的透明平面。

(12)基面(G)：物体放置的平面。

(13)视平面(H)：人眼高度所在的平面。

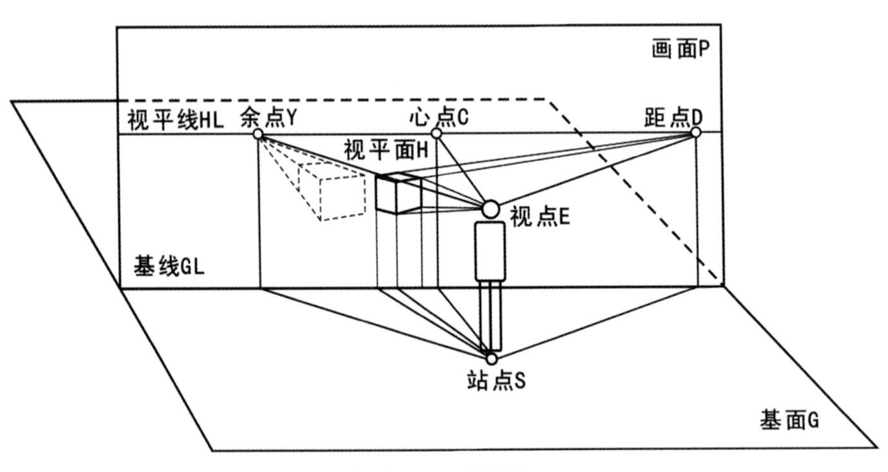

图2.18 透视原理

2. 透视绘图关键要素

产品透视图的表达效果，由透视关键要素决定。透视关键要素包括视距和视高。

视距：是指眼睛和物体的距离。视距大小决定透视画面中物体的体量感与变形。小体量的产品采用近视距，表现细节。大型产品可采用远视距。一般视距应为物体尺寸的两倍以上，否则会失真。如图2.19和图2.20所示，由于图2.19视距太近，呈现物体失真。

视高：是指视平线所在的高度。在透视画面中，视高等于视平线(HL)到基线(GL)的垂直距离。视高决定产品的顶面表达效果，视高越高，则顶面看到越多(图2.21)；

视高越低，则底面看到越多（图 2.22）；当视高位于物体高度的中间时，既看不到物体的顶面，也看不到物体的底面（图 2.23）。

图 2.19　视距太近

图 2.20　视距合适

图 2.21　视平线高于碗口

图 2.22　视平线低于碗底

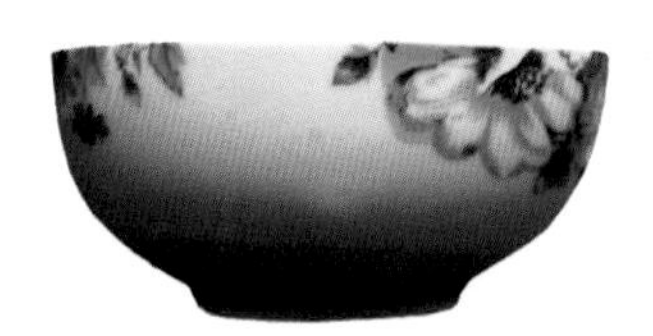

图 2.23　视平线在碗中间

3．产品表现典型的透视图

（1）平行透视（一点透视）。

一个立方体只要有一个面与画面平行，透视线消失于心点的作图方法，称为平行透视。平行透视善于表现稳定感较强的产品，画面稳定，如图 2.24 和图 2.25 所示。

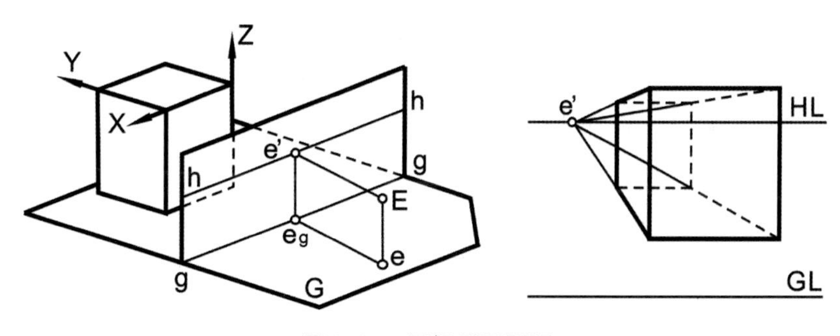

图 2.24　平行透视原理

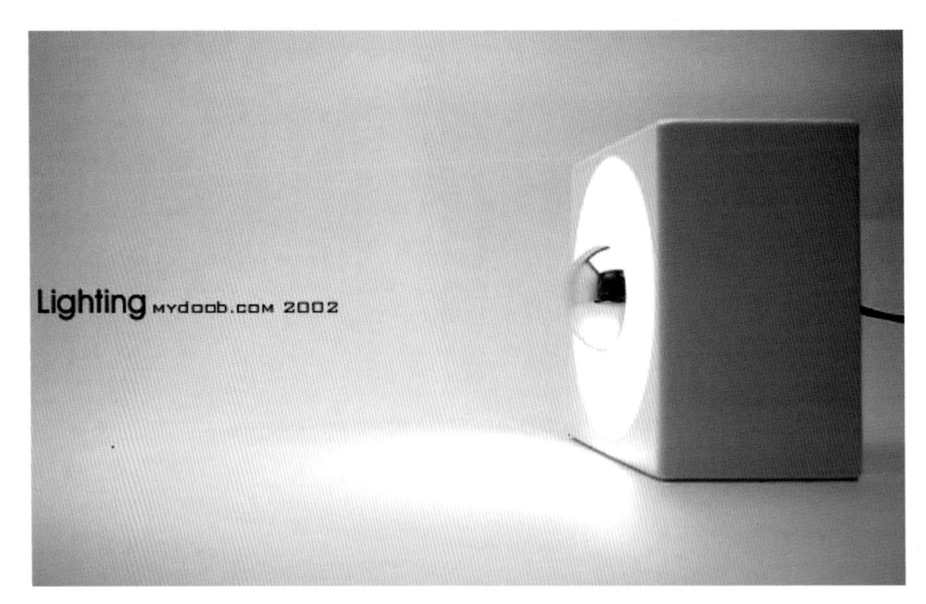

图 2.25　平行透视的灯具

（2）成角透视（二点透视）。

一个立方体任何一个面均不与画面平行（即与画面形成一定角度），但是它垂直于画面底平线，它的透视变线消失在视平线两边的余点上，称为成角透视，也称二点透视，如图 2.26 至图 2.28 所示。

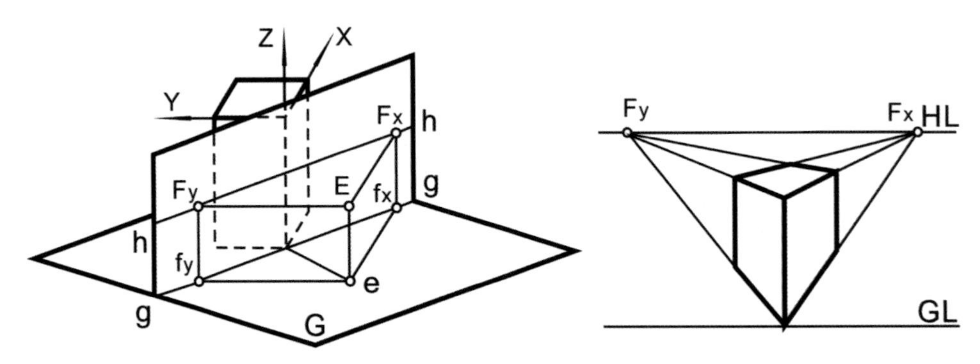

图 2.26　成角透视原理

图 2.27　成角透视的产品

图 2.28　成角透视的汽车造型

（3）蛙眼透视（三点透视）。

一个立方体任何一个面都倾斜于画面（即人眼在俯视或仰视立体时）除了画面上存在左右两个消失点外，上或下还产生一个消失点，因此作出的立方体为三点透视。这种非常低的视角好像地上的青蛙从地平线向天空仰视，也叫蛙眼透视。它的优点在于使物体看上去高大挺拔，有强烈的视觉冲击力，如图 2.29 至图 2.31 所示。

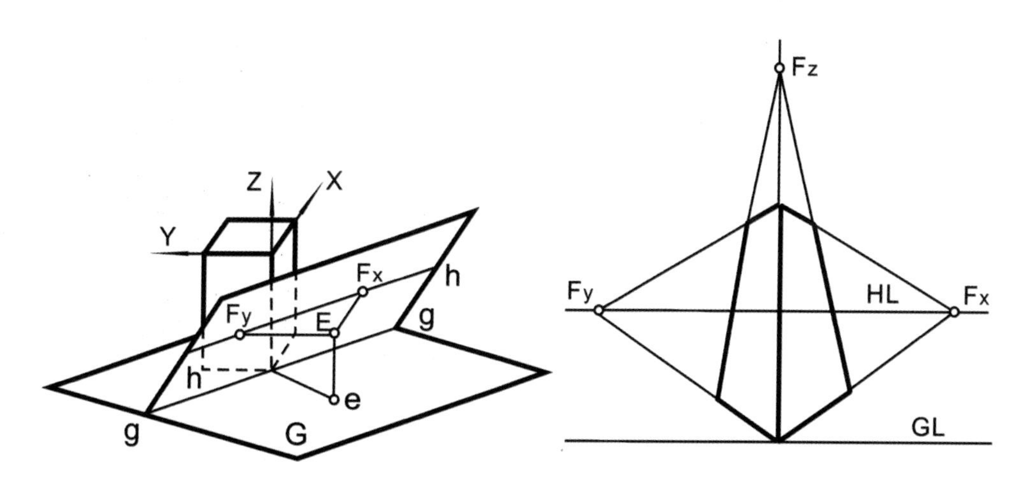

图 2.29　蛙眼透视原理

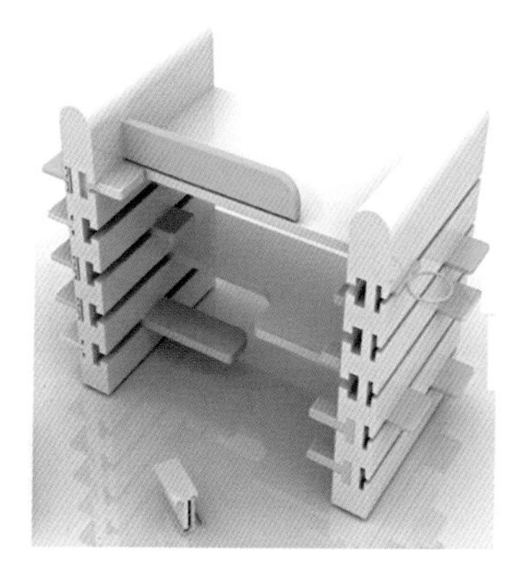

图 2.30　蛙眼透视角度的产品（一）

图 2.31　蛙眼透视角度的产品（二）

（4）圆形透视。

圆形的透视表现，应依据正方形的透视方法来进行，不管在哪一种透视正方形中表现圆形，都应依据平面上的正方形与圆形之间的位置关系来决定。因为圆形在正方形中与四条边线的中点和十交叉线的末端相交，并且在正方形的两条对角线至 4 个角处相交，形成正方形与圆形的关系。所以，不管是怎样的透视圆形，都应该在相应的透视正方形中米字线的相关点上通过，才是合理的透视圆形，如图 2.32 所示。圆形透视的产品如图 2.33 所示。

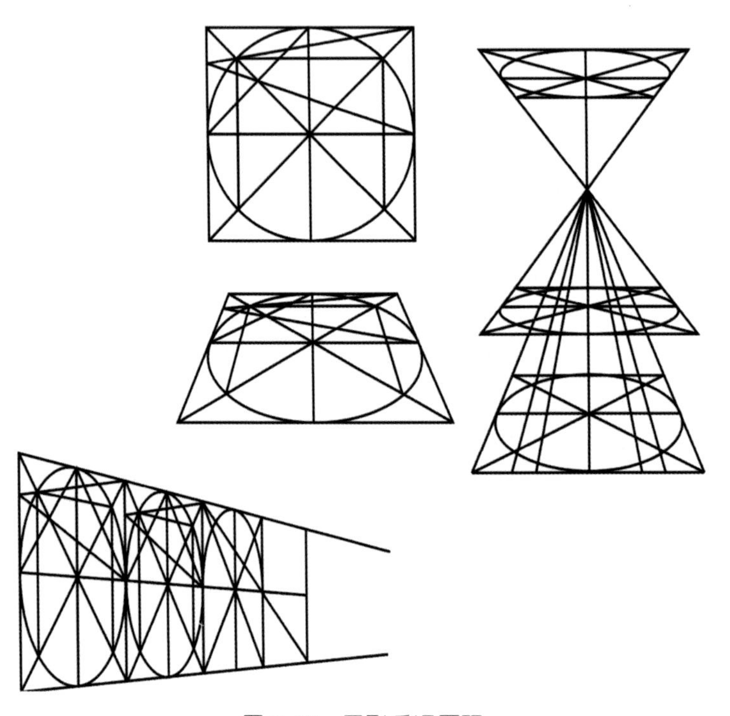

图 2.32　圆形透视原理

图 2.33　圆形透视的产品

圆形透视规律：

①正圆透视形是呈椭圆形状，在视平线以下时，上半圆小，下半圆大，不能上、下画得一样大小。

②用弧线画透视圆时要均匀自然，两端不能画得太尖也不能方。

③平面圆中上、下、左、右四方是与正方形相接的，透视中的圆形不是这样，它的最宽点是根据与视点的位置而定。

④距视平线越近，圆形透视弧度越小，反之越大。

⑤任何曲线形体需画透视图时，都应纳入透视方形或透视立方体中完成。

（5）空气透视。

通常，与观察者距离近的物体的色彩对比度和饱和度都较高。随着距离的不断增大，对比度与饱和度会逐渐降低。最后消失在模糊的浅蓝色中。在同一幅画面中，艳丽的颜色和暖色通常比暗淡的颜色和冷色使观察者感觉离自己更近，具有强烈明暗对比关系的物体，要比对比度低的物体更近。

这种随距离变化而产生视觉变化的透视处理方法叫空气透视。当绘制体量较大的物体时，空气透视可以增强尺度感。同样，在绘制体量较小的物体时，可以增加物体的纵深感。利用这种衰减式的表达方法，可以产生许多生动的视觉效果（图 2.34）。

图 2.34　空气透视的产品

4．产品爆炸图

爆炸图其实是一个外来词汇，英文的名称是 Exploded Views。爆炸图是具备立体感的分解说明图。因为工程图样除了工程技术人员外很少有人看得懂，所以工业产品的使用说明书中的产品结构优先采用立体图示，可以说爆炸图就是轴测装配示意图。如今，爆炸图不仅仅是用在工业产品的装配使用说明中，而且还越来越广泛地应用到机械制造中，使加工操作人员可以一目了然，而不再像以前那样看清楚一个装配图也要花上半天的时间，如图 2.35 至图 2.37 所示。

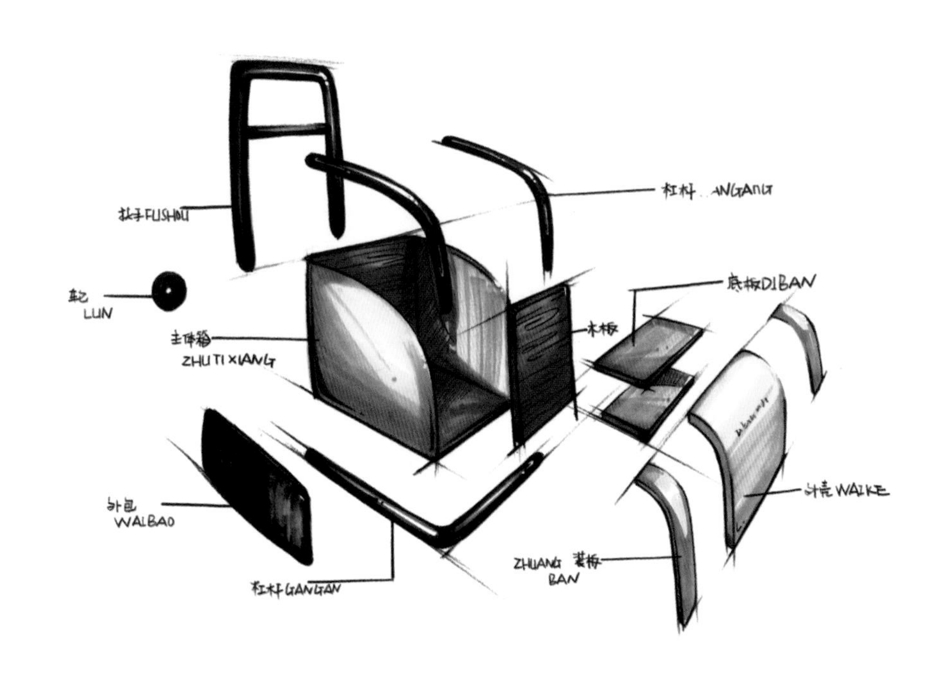

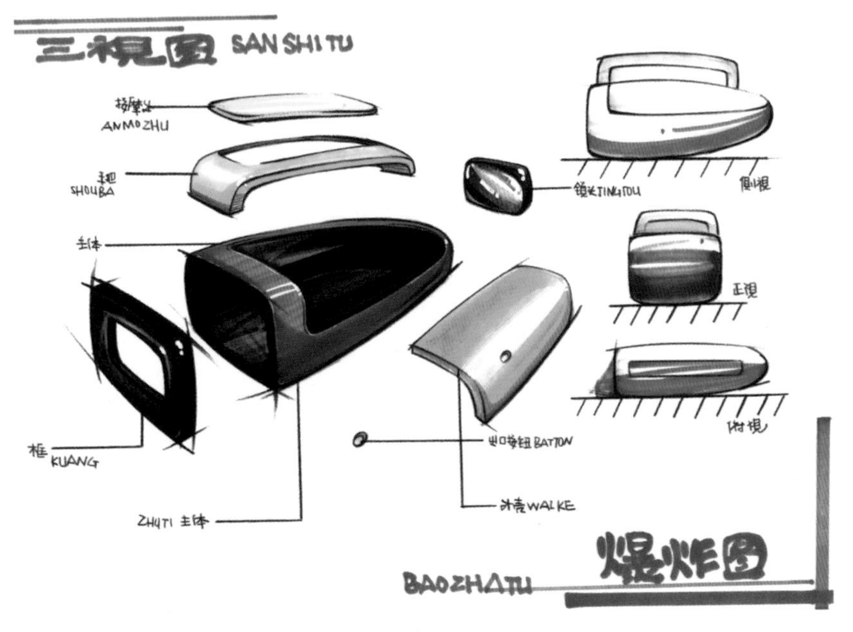

图 2.35　手绘产品爆炸图

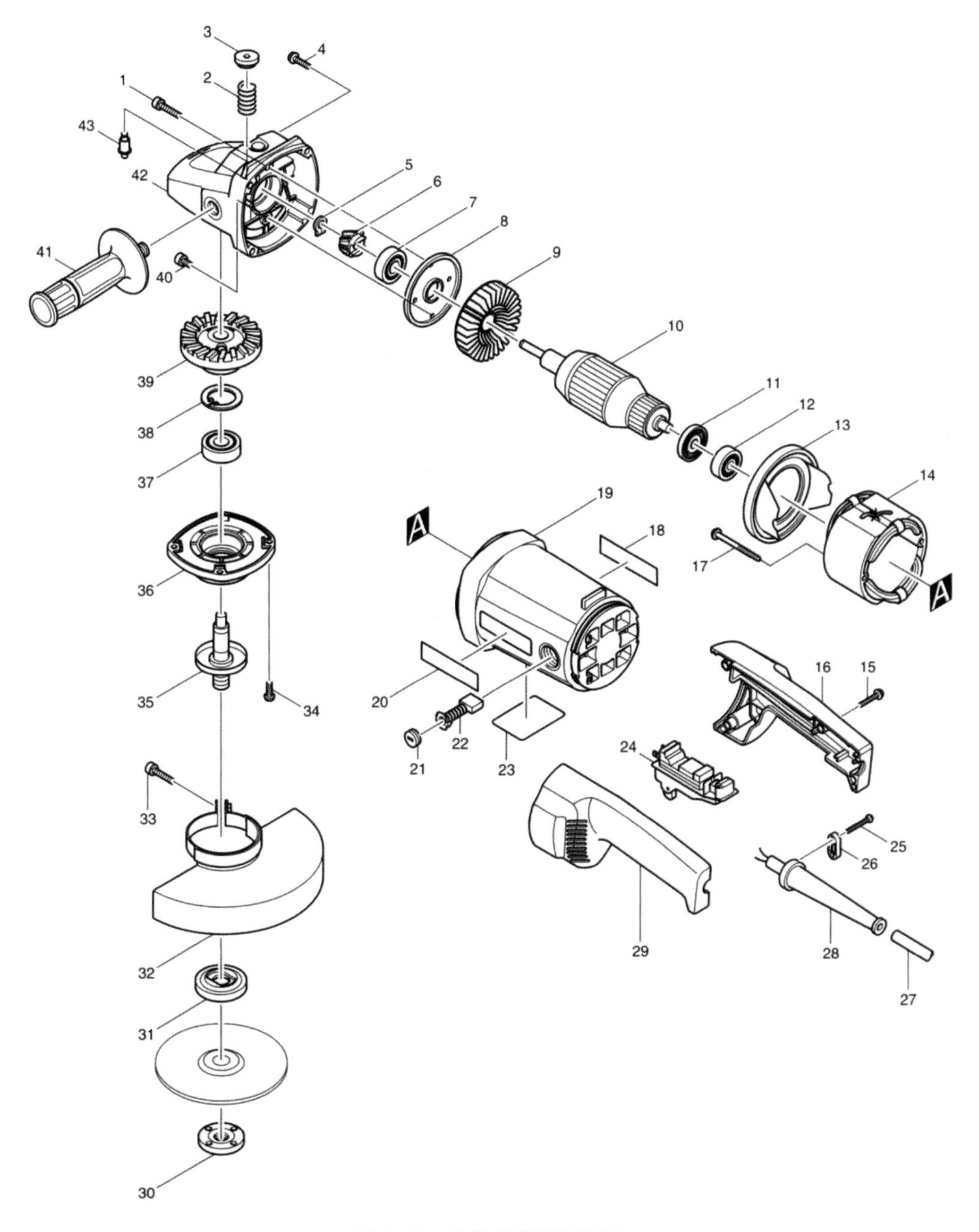

图 2.36　磨光机线稿爆炸图

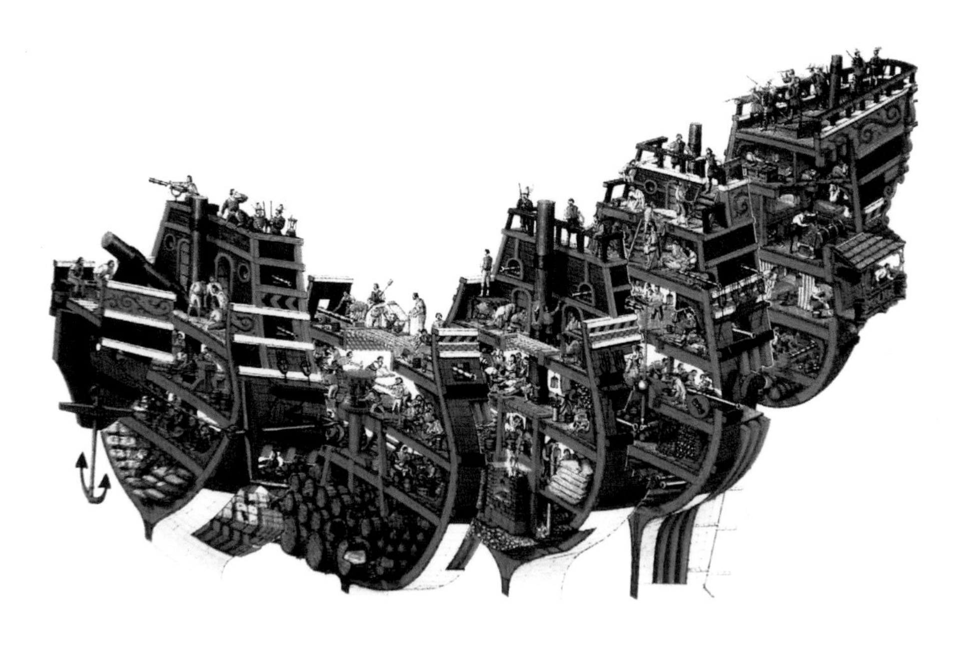

图 2.37　古代战舰爆炸图

第三节　产品造型的结构素描训练

设计素描是指以产品设计活动为目的，根据素描造型规律来探索研究产品形态或创造人造物的单色绘画形式。设计素描是产品造型艺术中研究客观世界一切物象、产品造型本质的学科，是设计专业的造型基础。设计素描从三维空间的角度出发，在视点移动和透视角度变化的条件下，对物体或产品的主要功能部件、比例尺度、结构特点、空间组合、表面形态、材料质感等各因素，进行全面的认识和整体把握，找出物体结构与功能的相互关系和变化规律。

设计素描注重立体的全方位意识培养，是多维度的空间造型，除基础造型技能训练之外，还研究立体造型的形态表现规律，启发并掌握对心理物象的视觉表达能力，培养学生的设计意识和创新意识。通过具体课程创意形态造型训练，使学生从各种创造性的思维规律中演化出具有可操作的创新方法，提高创造能力。

1．设计素描的基本程序

设计素描的过程，是按由简到繁的原则进行的线描，对描绘的对象进行分析，了解设计创造程序，通过素描来把握形体的准确性、视觉的敏锐性。设计素描的基本程序为：观察感受、整体布局、塑造大形、刻画细部、归纳整理、效果评价。

1）观察感受

认真地观察对象、感受对象、加以研究。通过观察，发现被表达的形体结构、形态及其节奏的规律，从而为进一步的表现打好基础。

2）整体布局

将物体的形体和比例作为一个整体形象来认识了解。把握好物体的透视角度、比例尺度、构图美感等问题。整体布局的好坏，将直接影响到物体的形象塑造。

3）塑造大形

用线条将最概括的整体形象塑造出来，学会从复杂的产品形象中概括最单纯的基本形，并培养作画者用线概括和表现的能力。

为了正确地理解和把握物体的结构，塑造大形，在准确地掌握透视角度和比例的基础上，应将产品结构的前面可见部分和后面不可见部分都画出来。素描中，应采用各种结构辅助直线，如切线、中心线、对称线、水平线、铅垂线、延长线等，应用于整体结构的处理，便于最终的控制和调整。

整体大形是由几个主要局部形构成，塑造大形主要是塑造几个主要局部形。

4）刻画细部

刻画细部和塑造大形是设计素描造型的两大方面。在大形的塑造基本正确的基础上，深入各个局部的具体形象，这个阶段，要对形体有独特的认识和正确的理解。同时，细部的刻画还要能和整体结合起来，通过整体去把握细节。

在刻画中，要正确处理整体形象上的各种关系，如主次关系、比例关系、节奏关系、转折关系、结构关系等。注意不能因为刻画细部，而破坏整体关系。

5）归纳整理

这个阶段，就是对整体大形和细部结构不协调的部分进行调整。从整体到局部，又从局部到整体。

6）效果评价

对画面进行评价。每画完一张素描，都问一个为什么。设计素描是一个持续不断的线描训练过程，既是一个分析的过程，也是一个综合的过程。

2．结构形态造型

结构形态造型是指以结构形态为研究中心，以线条为造型手段，依靠透视的基本原理进行造型。结构形态造型是设计素描教学的首要课程，结构的体现、透视的运用、线条的表现是结构形态造型的三个基本要素。对物象结构关系的研究是设计素描的重点。

凡是有形的物体，都有其特定的内在与外在的结构关系，不论是天然，还是人工制造的物品，都具有不同大小、不同方向、不同形状的形态特征，按照特定的方式和特定的程序组织结合而成的。其自身的结构方式，决定了它的外观形状。也就是说，一切物体的外部形状都是它内在结构的反映。所以，我们只有真正理解了物体是怎样结合的，是怎样构成的，才会对其外在形态有一个清晰的认识和深刻的感受，才能够正确地将它表现出来。

比如，我们表现一个瓶子，一般是先确定中心线，根据高度比例确定各部分的点，然后连线，最后再找出透视关系。用设计素描的概念来画同一个瓶子就不同了，我们要在把握整体比例的基础上，首先分析它是由哪几种有体量的几何体构成的。体量结构的剖析，将使我们在把握整体关系的基础上，明确各部分组织的几何构造及其特征，通过物象构造的起伏变化关系来达到形体的表现。运用这种“结构线”的方法来认识千变万化的物象结构，可以帮助我们更好地观察和把握形体的结构。

3．线——设计素描形态造型的表现要素

设计素描形态造型是排除光影的因素，用单色线条来表现物象的。因此，线就是造型的语言和表现的基本要素。

1）外结构线与内结构线

外结构线称为实结构线，内结构线称为虚结构线。外结构线是指表现物象外部的构造结构，空间结构的线条，即实的线条。内结构线是指表现物象内部结构及其关系的线条，即虚的线条。在线条的轻、重关系的处理上，要充分考虑到外、内结构线的不同，外结构用线重一些、实一些；内结构线则要轻一些、虚一些。

2）主结构线与次结构线

相对于内、外结构线，主、次结构线的关系要复杂一些。如果我们仅画一个物象，主结构线就是外结构线，次结构线即是内结构线。如果我们画一组物体，这时主、次结构的关系就不会这样简单了。因为这种情况下的主、次结构线，既包含了内、外结构线的关系，又包括了画面的整体组合情况。也就是说，这种情况下的主、次结构线是围绕画面的主体或画面的主次展开的。总之，主、次结构线应视具体情况而灵活运用。

4．设计素描的内容

1）基本体设计素描

通过对基本体的练习（图 2.38），教会学生如何准确地观察比例和尺度，还要会运用清晰的线描手法。

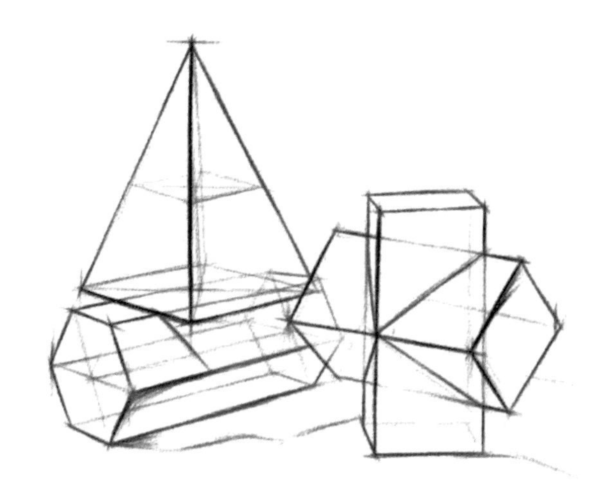

图 2.38　基本体设计素描

2）产品的设计素描

产品设计素描在符合结构、工艺、材料、技术等设计要素的前提下，运用草图、效果图、爆炸图来传达设计师的理念和构想，以设计适合人们生活需要的实用产品为目的，发挥其造型功能（图 2.39 至图 2.41）。

3）自然物的设计素描

在自然物素描中，学生面临将复杂的自然形态进行创造性的提炼加工。将不同物体组合在一起，增强比例感和空间关系，在大小、高低、宽窄、曲直、动静、轻重的对比中探索形式美，如图 2.42 和图 2.43 所示。

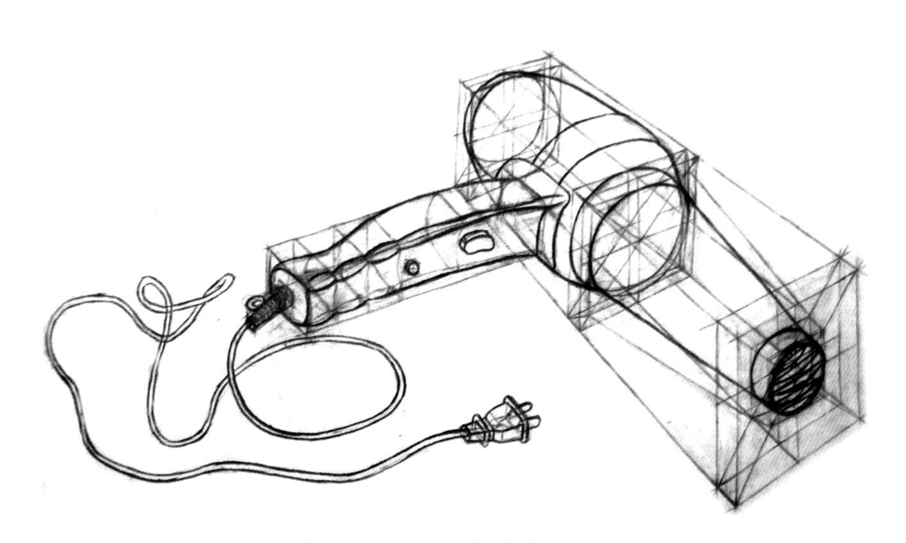

图 2.39　产品设计素描（一）

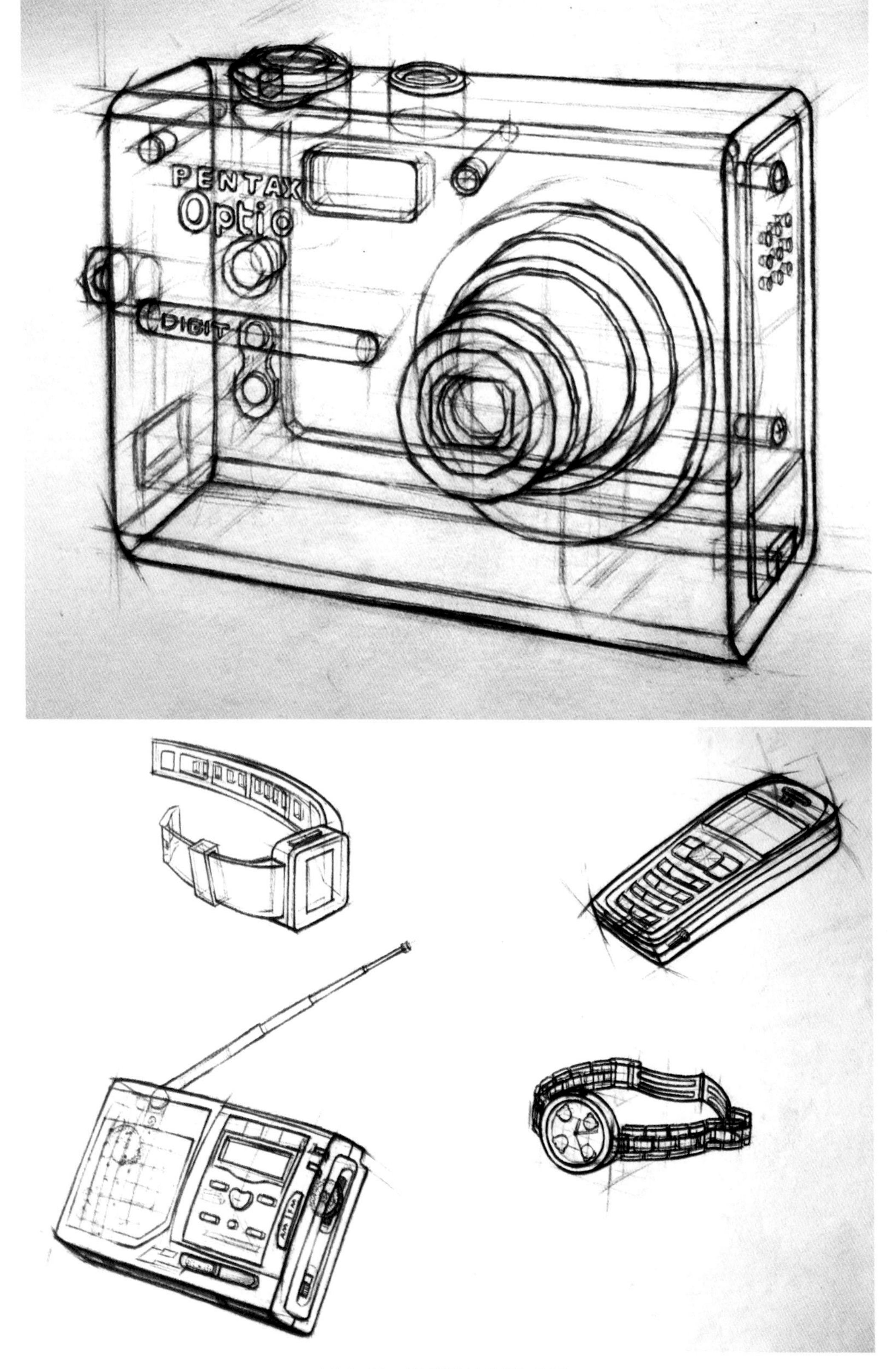

图2.40　产品设计素描（二）

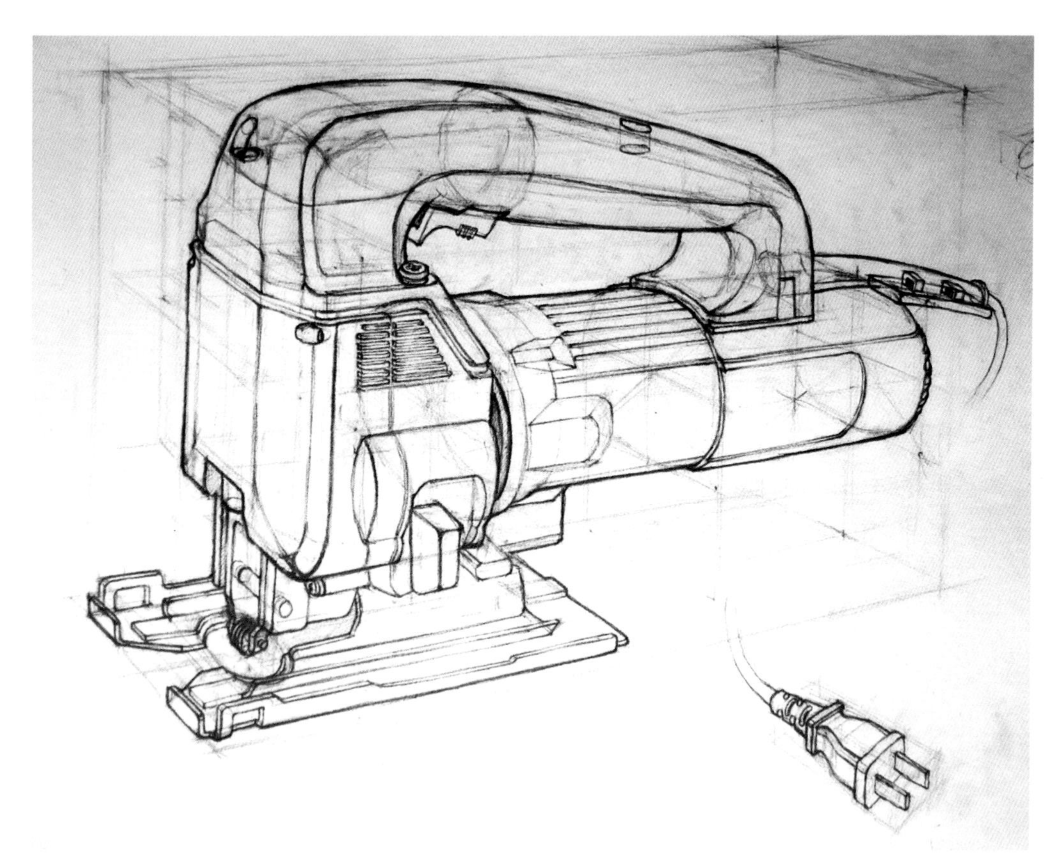

图2.41　产品设计素描（三）

图2.42　自然物的设计素描（一）

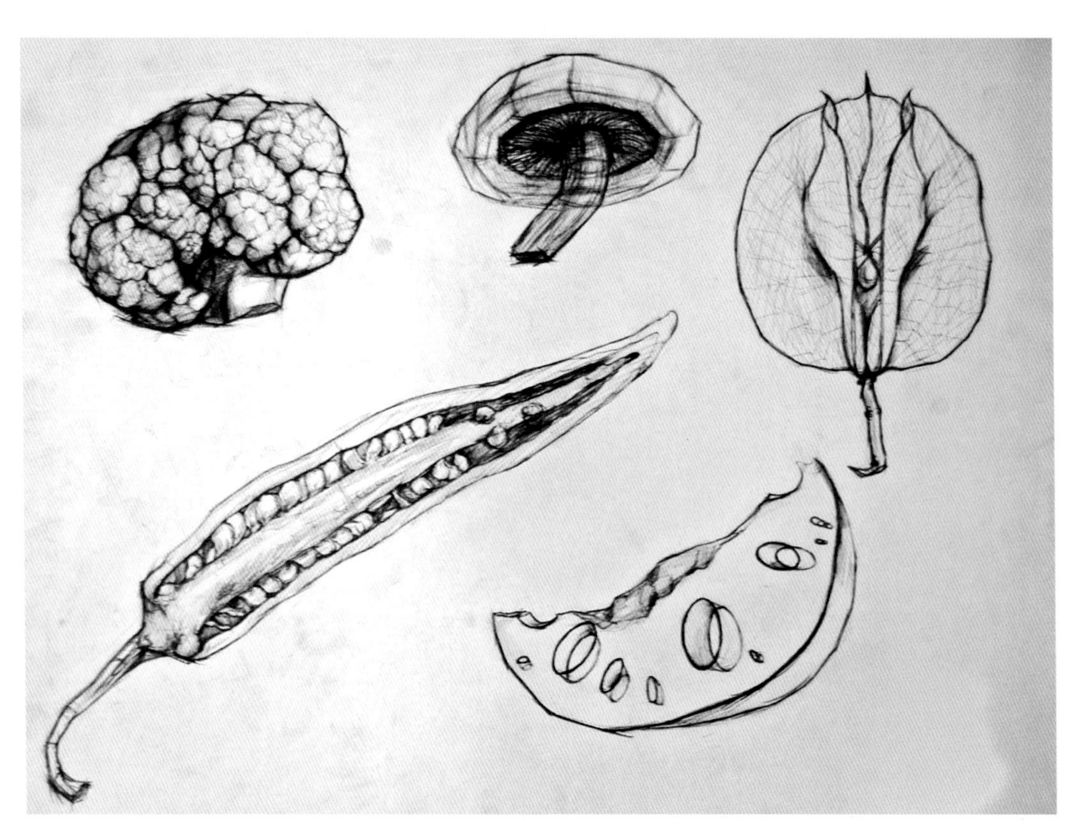

图 2.43　自然物的设计素描（二）

4）产品爆炸图形式的设计素描

爆炸图素描是绘制产品具备立体感的分解说明图，可以锻炼学生分析产品结构的能力，使其了解产品部件之间相互连接方式及组装程序，让学生更深入地了解产品设计的内涵，如图 2.44 所示。

5）创意性素描

在工业设计中，产品设计被认为是工业设计的核心。在欧洲，工业设计师的全部或部分设计业务，是从事创造娱乐体验的设计，如主题餐馆、主题零售、主题购物、三维动画设计、游戏设计、迪士尼主题公园等，无处不体现设计的创造性。创意性素描通过创造设计的训练，向人们讲述如何把现实变成幻想，把乏味变成幽默，如图 2.45 所示。

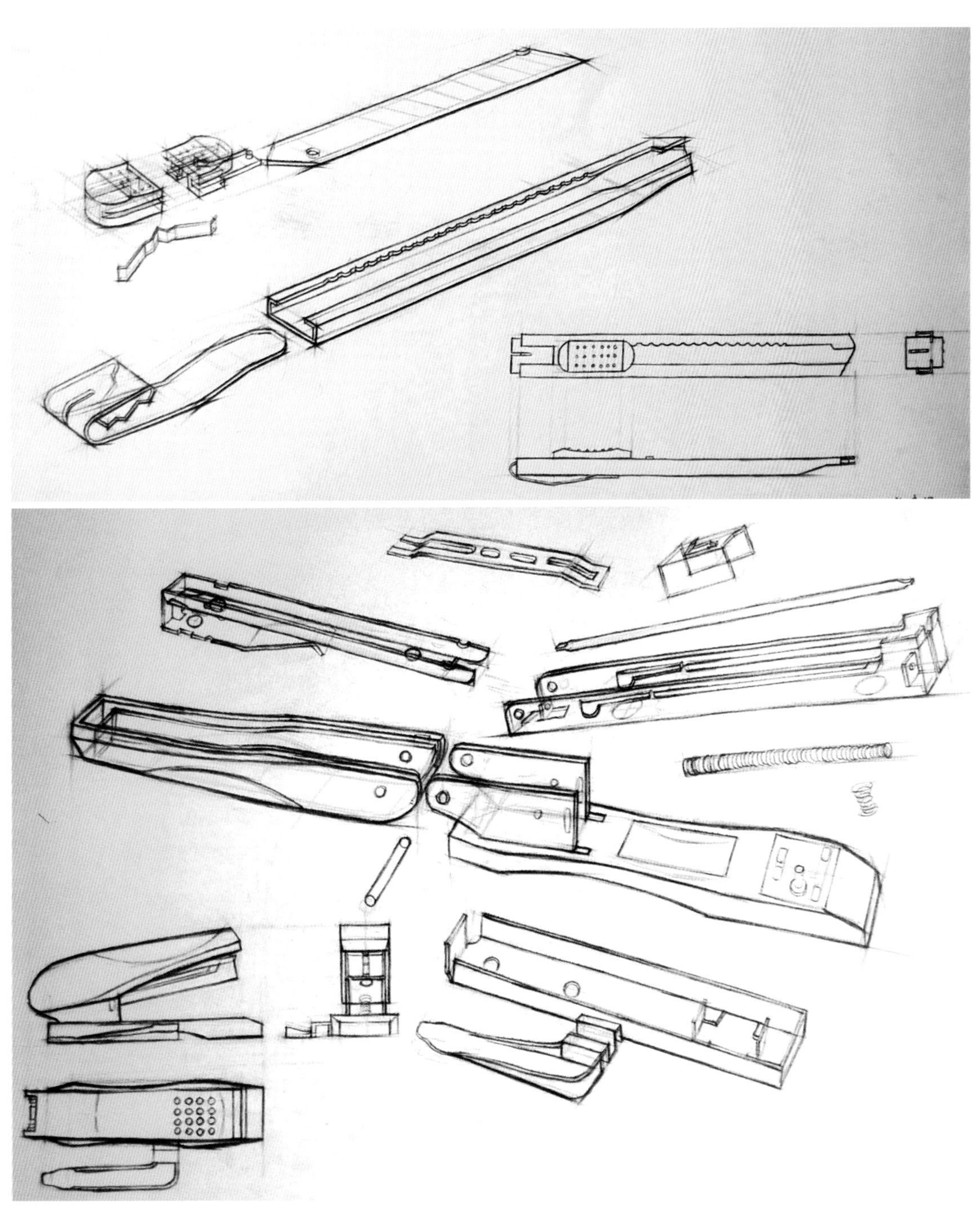

图 2.44 产品爆炸图设计素描

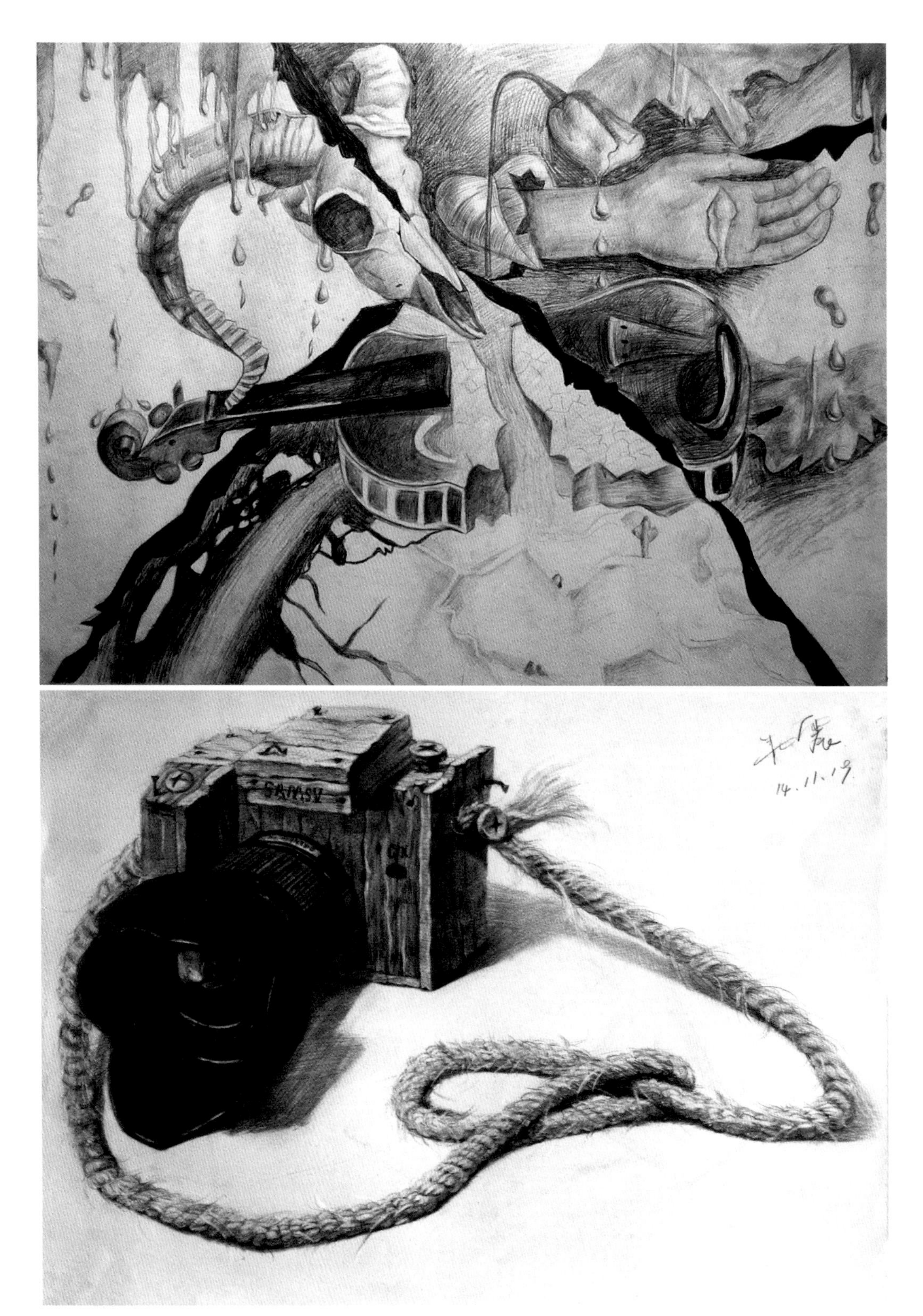

图 2.45　创意性素描作品

第四节 产品形态分析

产品是人们日常生活中使用的物品，它有形有态，也有功用，当今世界，产品形态的优劣已不仅仅只从传统审美角度进行评判，还有生产技术、用材、成本等。

一、形态概述

形态包含了“形”和“态”两个方面。形指物体的外形或形状，态指蕴含在物中的“神”，是一种精神态势。

根据人的视、知觉心理可知，“形”的“态”不是物本身所有的，而是在人的心绪与物的交流中产生，这也是我们讨论形态的根本目的。从考古资料上来看，人类原始时期就已对圆形、卵圆形等有一定认知，即便是现在，卵圆形仍被看作孕育生命的特征形态。

人类从诞生之日起就用自己的感觉去认知物，产生自己的情感，并从前人那里继承约定俗成的惯性认识，但是作为设计师，研讨“形”如何产生“态”是我们应尽的义务和提高认识能力、审美水平的有效途径。

产品形态同样也具有这种基本的“态”的特性，然而更重要的是，产品作为人的外在物化工具，还应当能在短时间内暗示使用者“我是如何工作的”。车轮的转动、自动铅笔上的按簧、钢笔套上的夹子、刀片的锋刃都具有这样的作用。同时，产品形态还包含基本的结构特征，即“我是如何制（构）成的”，产品是批量生产的物，是人造的形体，不是大自然的鬼斧神工和水滴石穿。那么，怎样的组合结构、什么样的材料属性、强度的大小、表面是否美观等，都成了它的重要特征元素。

产品形态总是与功能、材料、机构、构造分不开的，是功能、材料、构造所构成的特有势态，给人的一种整体视觉形式。

二、产品形态要素简析

1．功能

1）实用功能

产品既然是人的外在物化，为人所用，则必然其形态设计要满足特定功能的发挥，符合人的操作习惯。例如：钢笔的功用，此时形态不能单纯用美观与否来判定。图2.46所示为一款获奖的灯具设计作品。

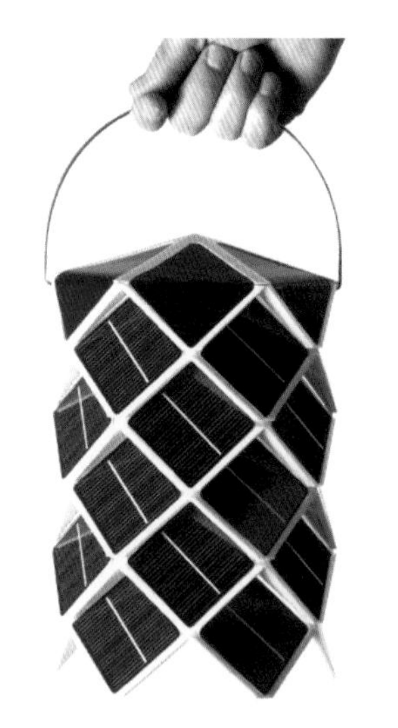

图2.46　灯具设计（获2006年红点概念设计“至尊”奖）

2）审美功能

一方面，审美是人们长期以来对形造成的“势”“态”的经验总结；另一方面，伴随着社会的发展和物质生活的提高，人们对审美的要求也越来越高，由于产品使用者年龄、职业、社会、文化、性别、爱好志趣等的不同，对产品形态审美也具有差异性。因此，我们在设计产品时，同一功能也会有多样的形态，体现在市场上就是商业的繁荣，表达产品的不同审美特征和价值取向。同时，审美的差异不能超越审美的共性，离经叛道并非创造、突破。电子时代来临，使功能对形态的决定性作用有所减弱。图2.47所示为伊莱克斯比赛作品：烘鞋器。

图2.47　伊莱克斯比赛作品：烘鞋器

2．材料

材料是人造的物，则必然用人的心智 + 工具 + 原材料。在这一点上，立体构成与产品并无太大的差别。简单说，不同的材料因为其本身的特性，仅能在有限的范围内应用，如玻璃、塑料、金属等。

早期的人类虽然认知有限，但也从泥、石的运用发展至陶瓷、玉石、木器、金属，用以制造不同的物。对产品而言，科学的发展，带来了材料的创新；塑料的应用，是人类历史上的里程碑；创新的设计可源于创造性地运用材料；物理、化学、视觉，决定了成型工艺、成本、实现难易等，水晶宫的诞生就是实例。因此，好的设计必须要有好的选材（图 2.48）。

图 2.48　木质家具（设计者：Sung-Hyeop Seo）

3．结构

“结构”不是产品所特有的，立体构成、建筑也有同样的概念，但是产品的结构却又是非常重要的，因而在企业中，设计师、结构工程师是完全不同的工种，如吊车的构造。结构与材料属于共生关系，两者一般作共同考虑。在此，我们应该认识到作为工业设计的学生，并非纯艺术、纯文科，我们还需要学习大量的工学知识，大家应有更多的危机感（图 2.49）。

4．机构

机构是为了实现某种产品功能特定的活动“结构”。如开关的实现动作：按、推、旋、挤、踩、拔、音控等。自行车的传动方式、折叠车……圆规、换色圆珠笔……

5．数理

数的秩序是形式美的基础。每一件产品都有自己的尺度和基本比例关系。以建筑为

图 2.49　光宝创新奖作品：夹子鼠标（设计者：Frank Guo）

例，模数的概念。数理秩序也是审美的一种量化表达，使人们可以有一个实际的评判标准。如模特的身高与黄金分割的关系。比例尺度最终受人们使用产品时生理和心理方面适应性的制约。

以上五项是产品形态的主要要素，研究时不应割裂。即便做专题讨论，也仅仅是我们有所侧重，这也是一种系统论，即“从整体到部分，再回到整体”。

三、工业设计中形态设计的位置

1. 形态设计在工业设计中的重要性

伴随着商业的繁荣，市场上的产品形态各异，然而每个人的取舍都会有所不同，这源于人们对产品的要求不再只是实用功能，还有审美的认知、时代的特征、文化的内涵。产品形态是信息的载体。设计师用特有的造型语言进行产品的形态设计，利用特有形态向外界传达出设计师的思想与理念。当今世界，产品面临均质化的困惑，形态则成为产品在竞争中得以胜出的至关重要的因素。人们已从理性思维转向感性思维。例如：汽车形态的发展变化。

2．基础形态设计是通向工业设计的桥梁

产品形态的创造源自设计师对立体形态的表达能力和创造能力。

四、形态的基本分类与特征

产品的立体形态由产品功能、材料、构造等基本要素构成，但是一定依附有具体的形。人类对形的了解完全出自自然之手，人不过是对之归纳、总结、抽象，要研究理想产品形态，还需要从自然界普遍规律和形态基本特征入手。自然界的形态一直处于发展变化之中，人类社会也是在此过程中延伸发展。理解其必然性与永恒性。基本可分为：具象形态（自然形态、有机态和无机态、人为形态）和抽象形态（几何形态、有机抽象形、偶然抽象形）。

产品形态一般均由几何抽象 + 有机抽象得到，因其简约、规则，所以我们需要了解抽象形态的形态心理与美学特征。

课 后 练 习

练习一：产品的不同透视表达

以不同的基本立体形态为练习单元，练习各个角度的立体形态的一点透视、两点透视、三点透视及其圆形透视。

练习要点：

（1）立体形态以基本的几何形态为主，先从简单的形态开始，逐渐过渡到复杂的几何形态。

（2）注意构图的合理性与透视的正确性。

练习二：产品的结构素描表达

练习要点：

（1）以生活中常见的产品为对象，采用写生的方式，进行结构素描的表达。

（2）注意构图的合理性与透视的正确性，并且要合理地运用辅助结构线。

练习三：创意素描，用素描的形式表现一段科幻小说中的故事情节

练习要点：

（1）选择一段有故事情节的科幻小说，故事中应该有一定的人物、时间、环境等小说情节的叙述。

（2）注意构图的合理性，素描的表现要能体现一定的想象力，并能与小说中的故事情节有一定的吻合度。

第三章

设计手绘表达的基础训练

课前训练

直线、曲线、透视练习。

目的与要求

通过学习本章内容，了解设计手绘表达中线、面、体的基本训练方法及其练习技巧，懂得用基本的线、面、体的单元去塑造不同的立体形态。

本章要点

曲线的进阶训练方法。
线、面结合的训练方法。

本章引言

线、面、体是建立产品形态的基本要素，要能通过手绘的方式准确、完整地表现出设计思想，就必须依靠线、面、体的综合表达。本章是手绘表达的基础训练环节。

第一节　正圆的训练

正圆的形态是在设计过程中经常使用的形态元素，徒手绘正圆，的确不是一件容易的事情，如果一幅草图的其他部分画得都很好，唯独某些特定的圆因为画不准而在上面反复描摹，其结果是画面上出现了一大堆残线，感觉凌乱，设计草图要求行笔流畅，对形态的大小、位置控制要非常准确，这就给我们提出了较高的要求，一定要想画什么样的圆，就能画出什么样的圆；想画多大的圆；就能画出多大的圆，能随心所欲，自由发挥，做到这一点必须遵循一定的方法进行大量的练习。

正圆形态的训练步骤如下（图 3.1）。

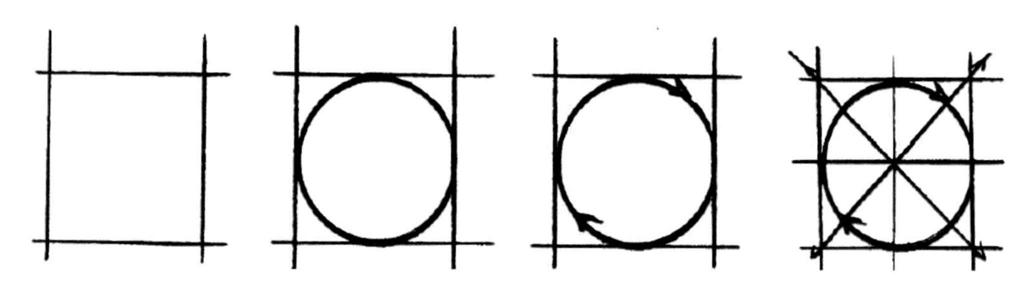

图 3.1　正圆形态的训练步骤

（1）在纸面上画一个正方形。

（2）执笔在正方形四边进行环绕，将我们的注意力控制在正方形的内侧，要画一个流畅的正圆，手的运转速度必须适当。如果慢了，线条就会软弱无力，感觉像在颤抖；如果快了，则难以控制行笔的轨迹。

（3）画完之后，可以对所画的圆做一个检验，方法是：首先在正方形的对角线穿过圆心画一个米字，然后将图纸转头朝下，圆翻转到背面，背朝着光线的方向审视，将画的圆拉开一段距离，加以观察。

第二节　椭圆的训练

椭圆的训练与正圆的训练有所不同，椭圆因角度的变化而产生透视感，从而在空间中出现近大远小、近宽远窄的透视感觉。因此，椭圆的训练除了遵循正圆的训练方法以外，还要注意椭圆在空间中的透视关系。

1. 椭圆的变化训练一（图3.2）

(1) 首先在纸面上画几条成消失状的线段。

(2) 而后沿着两线段的中间部分由近及远画椭圆。

(3) 排列椭圆的时候注意每个圆之间的透视关系。

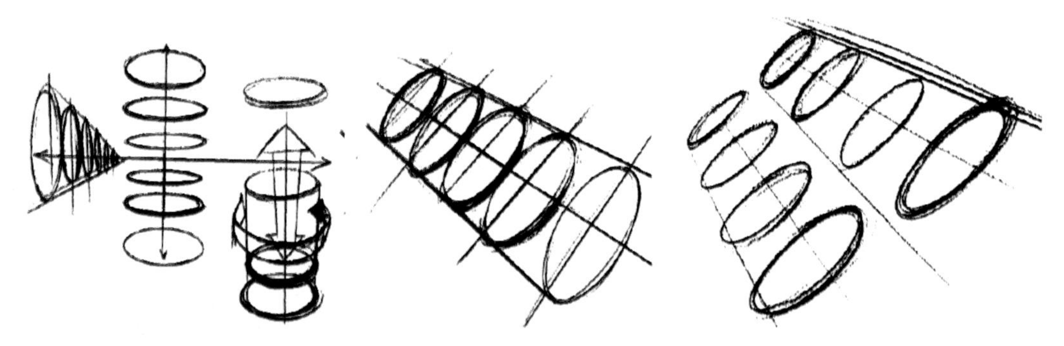

图3.2　椭圆的变化训练步骤一

2. 椭圆的变化训练二（图3.3）

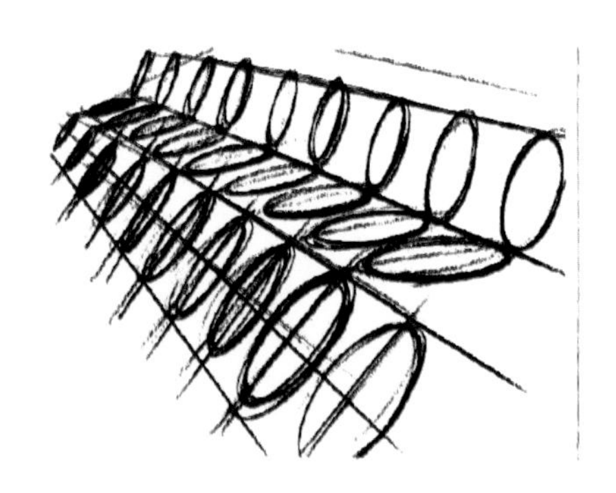

图3.3　椭圆的变化训练步骤二

（1）在纸面上画几条成消失状的线段。

（2）沿着每条线段的中间由近及远画椭圆。

（3）让椭圆呈阶梯状分布。

（4）注意排列椭圆时，圆与圆之间的透视关系。

3．渐变椭圆与透视关系训练一（图3.4）

（1）先画两条对应的、有透视变化的弧形曲线。

（2）在弧形带状上由右下向左上方依次排列画椭圆。

（3）注意由大到小的每个椭圆的透视变化和它们由近及远的渐变过程。

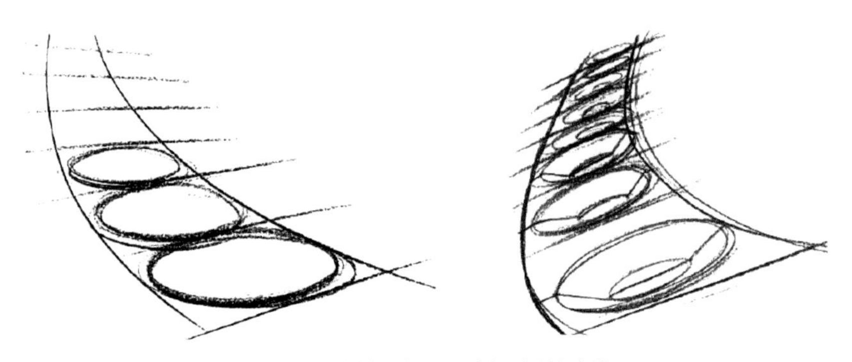

图3.4　渐变椭圆与透视关系训练步骤一

4．渐变椭圆与透视关系训练二（图3.5）

（1）先画两条有透视变化的纽带曲线。

（2）按照由前向后的顺序依此画椭圆。

（3）注意椭圆与椭圆的透视关系。

（4）为了更明确地表现这种关系，可以在上面加一些辅助的消失线，以表示椭圆与椭圆之间的变化关系。

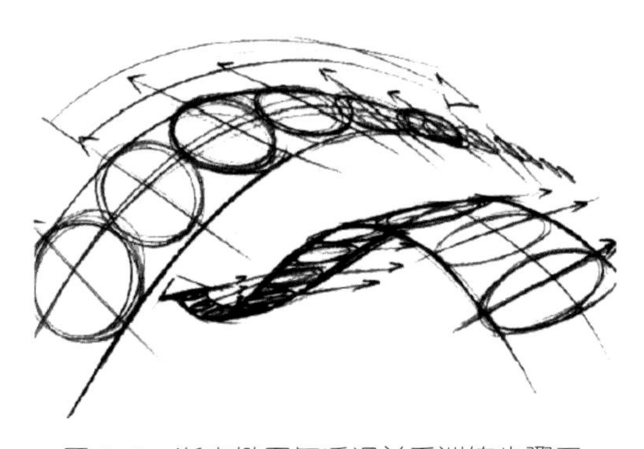

图3.5　渐变椭圆与透视关系训练步骤二

5. 渐变椭圆与透视关系训练三（图3.6）

（1）先画若干指向同一圆心的直线。

（2）按照直线的轴向和对称位置画圆，围绕圆心排列。

（3）注意椭圆与椭圆之间的透视变化关系。

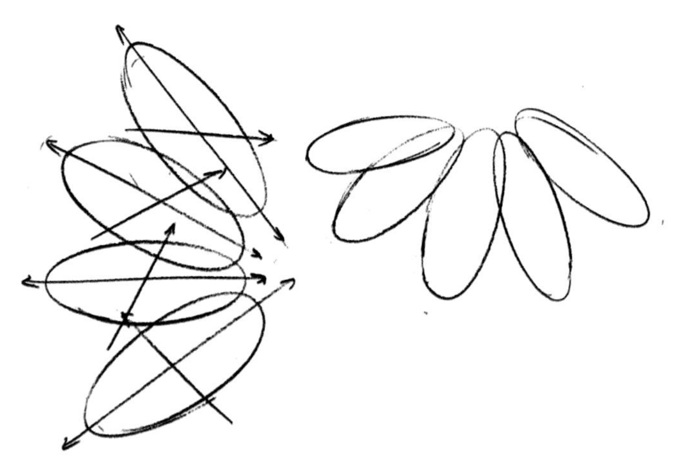

图3.6　渐变椭圆与透视关系训练步骤三

6. 圆套圆训练（图3.7）

一般来说，圆套圆是一种较难掌握，同时又不被重视的方法。圆套圆本身就是一种多面组合，把握不好圆套圆之间的关系，圆形的组面就难以成立。圆套圆在产品设计的表现和产品的结构上起着举足轻重的作用，事实上利用圆套圆这种基本要素来造型的产品很多，处理得好，给人以简洁，宜人的感受。然而，要达到这样的效果，控制圆套圆的能力是非常重要的。

前面已介绍了椭圆训练的方法，但仅仅停留在训练阶段是不够的，只有将训练所获得的技能运用到产品设计草图之中，才能检验我们控制和组织形、面的能力。在运

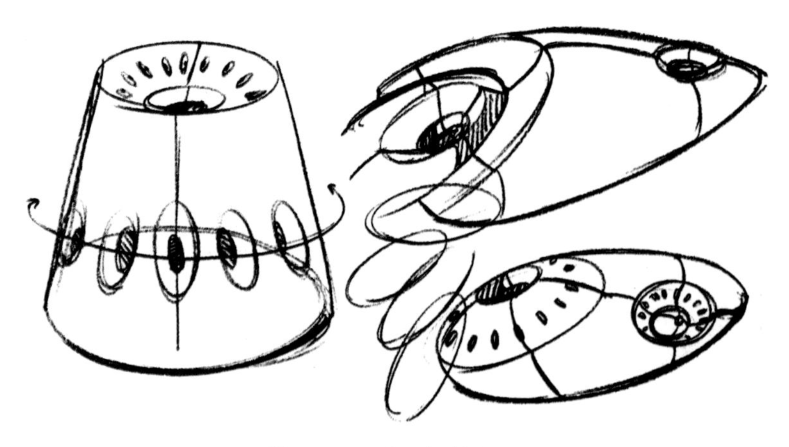

图3.7　圆套圆训练步骤

用椭圆时，我们要遵循由简到繁，循序渐进的规律，逐步提高控制和掌握在各种形面上出现的正圆、椭圆、渐变椭圆、透视椭圆、排列椭圆、圆套圆等形态要素的能力，做到运用自如。

7．圆的联想（图3.8）

（1）罗列出由圆形能联想到的产品，例如：杯子、手表、眼镜、摄像头、闹钟、电风扇、灯具等。

（2）综合以上所有的圆形或曲线的练习方法，用单线的形式表现出由圆形联想到的产品（图3.9和图3.10）。

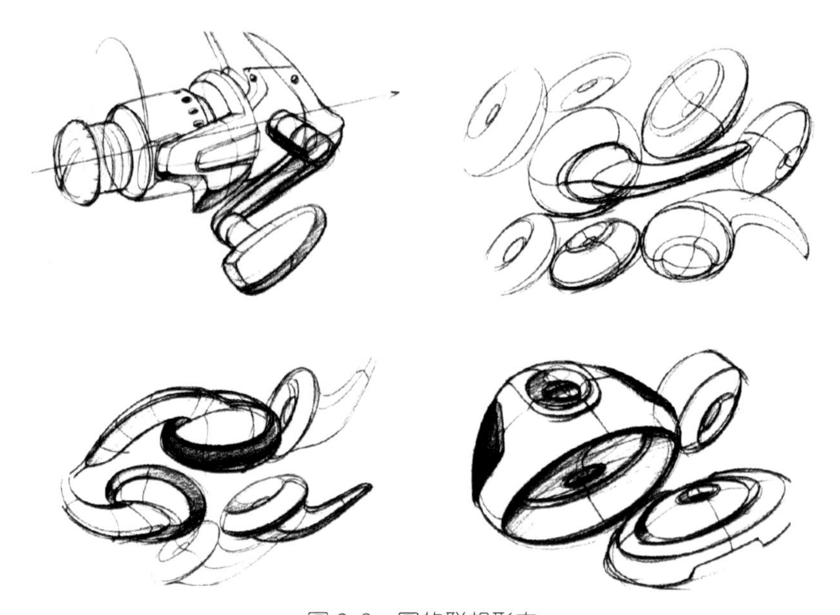

图3.8　圆的联想形态

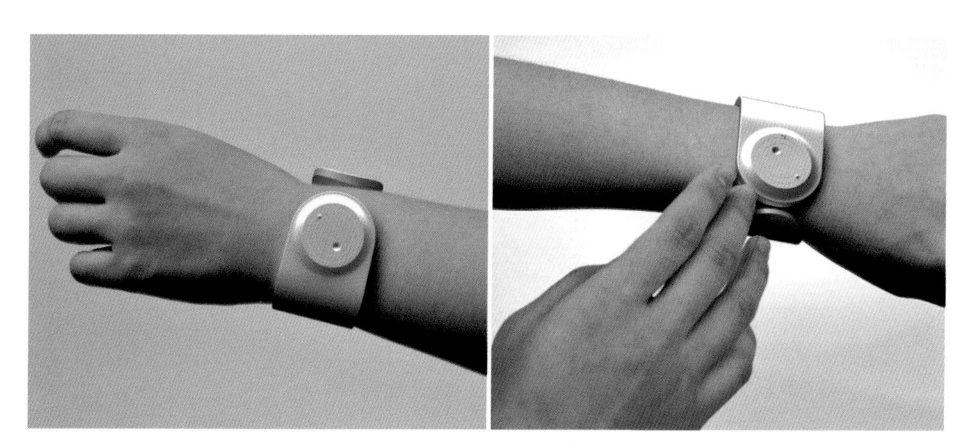

图3.9　圆形元素产品／概念手表（设计者：Jung Hoon Lee）

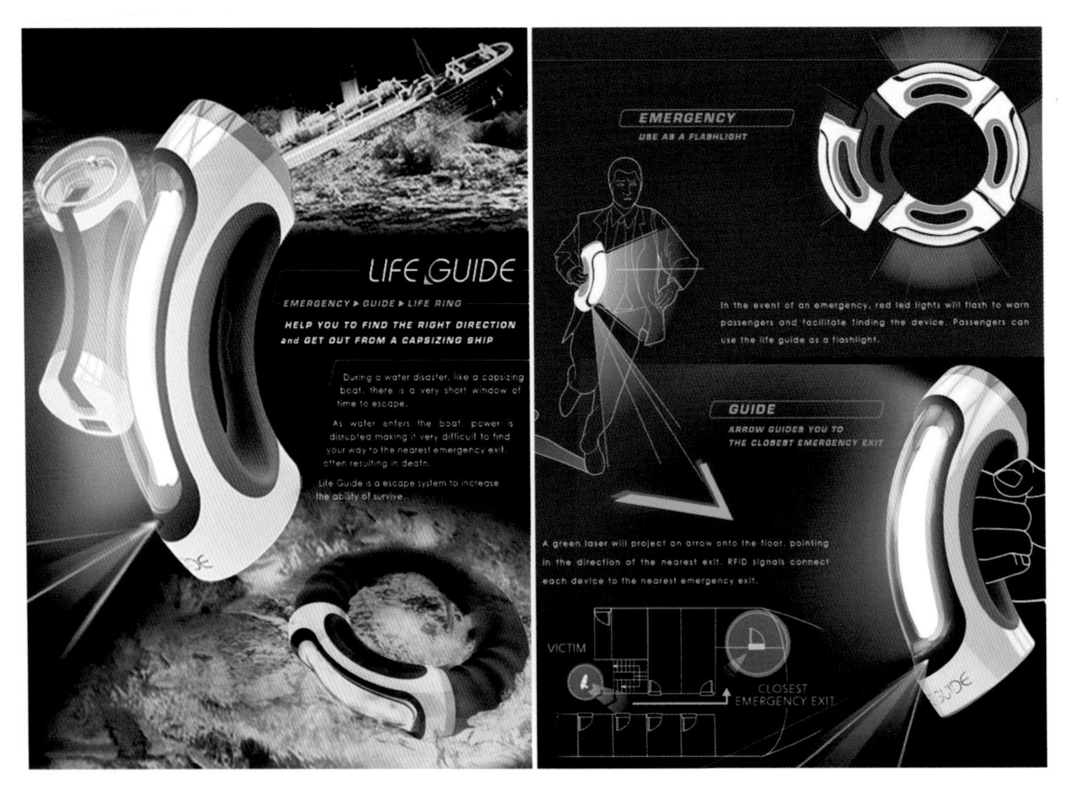

图3.10 圆形元素产品/Life Guide（设计者：Huang-yu Chen）

第三节 几何形态的变化与组合训练

生活中的产品形态多保有基本几何形态的特征，因此，练习几何形态的变化与组合，有助于锻炼学生对产品形态的塑造能力。

（1）以圆柱体为原型，进行变化，塑造成产品的形态，用手绘单线的方式予以表达。

（2）长方体是我们日常生活中常见的产品形态原型，如很多IT产品都是以方形为基础来塑造形态的，较薄的长方形通常能给人以精致、轻便、科技含量高的感受。以长方体为原型进行变化，塑造成产品的形态，用手绘单线的方式予以表达。

（3）利用两个或更多基本形态的单体进行组合，用单线的方式表现若干个具体产品的形态。在组织这些基本形时，要注意形态之间的协调关系与透视关系，先要控制好整体的形状与布局，如大小、厚薄、长短等。组织好形态之间的关系后，可深入探讨形与面的组织关系和结构关系，使形与形之间的凹凸、穿插关系协调一致，再通过明暗的处理，加强其体量感和立体感。

图 3.11 和图 3.12 所示为以几何造型为原型的产品形态。

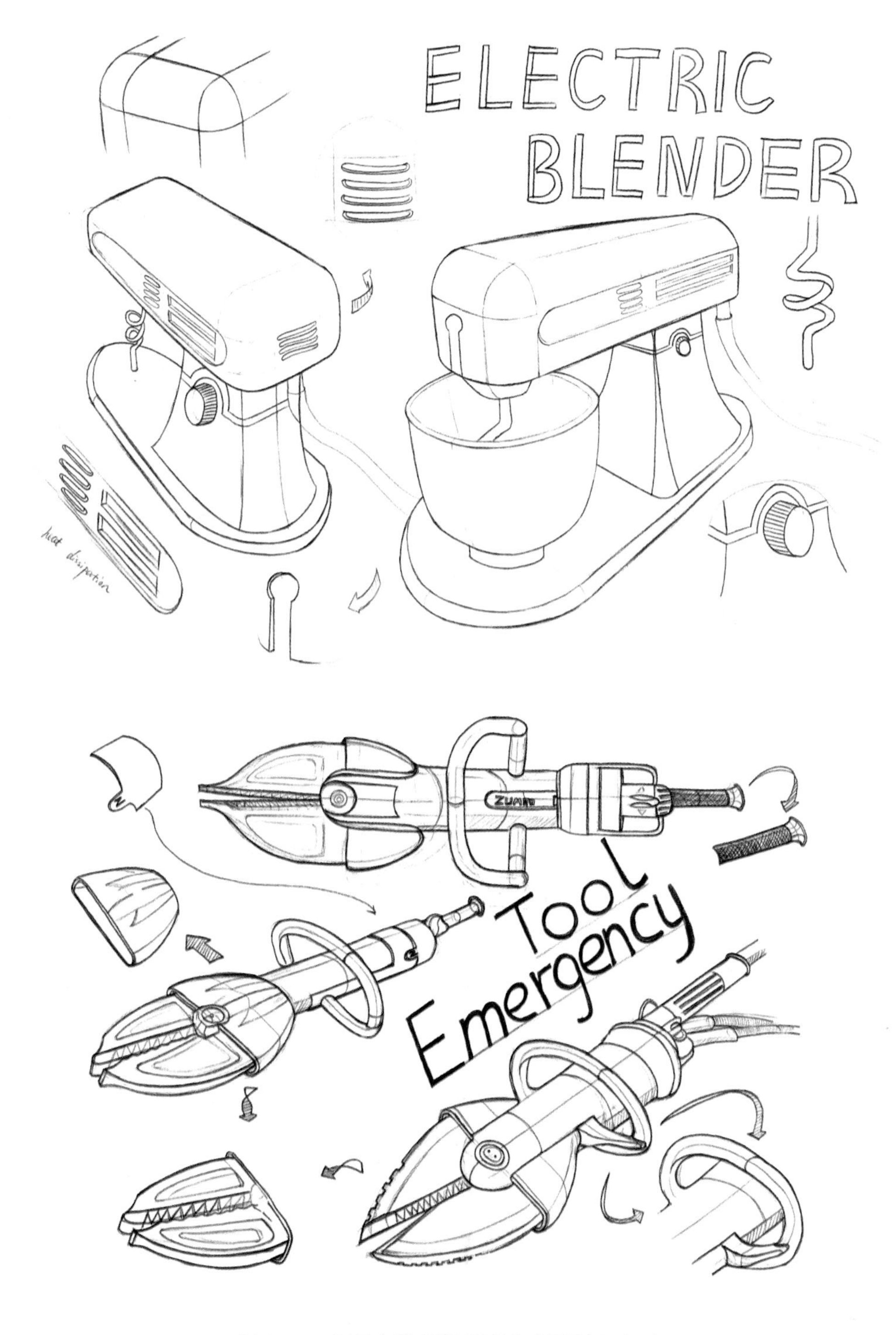

图 3.11　以几何造型为原型的产品形态（一）

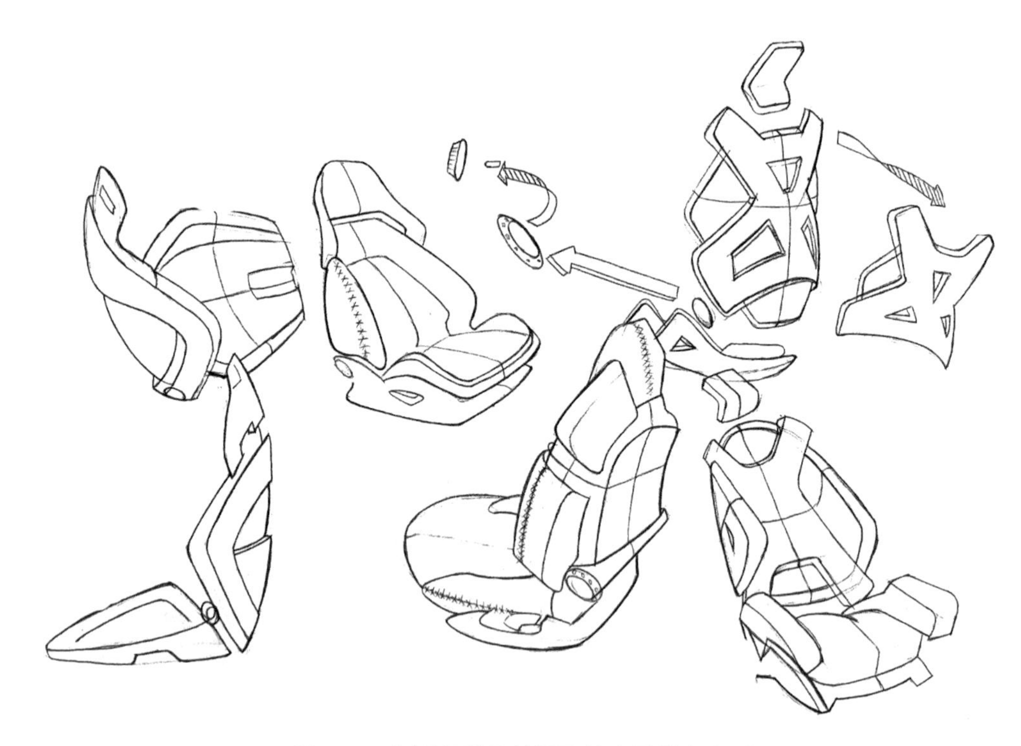

图 3.12　以几何造型为原型的产品形态（二）

第四节　特有形态的联想训练

形态的训练是一个循序渐进的过程，基础立体形态主要是培养学生对透视的准确把握能力。在基础立体形态的基础上，可以适当做形态的变化，以具象的字母、动物、植物为原型，进行基本的形态加、减法，并赋予一定的功能，进而培养学生对形态的想象力以及对复杂形态的把握能力。

特有形态的联想训练作品，如图 3.13 和图 3.14 所示。

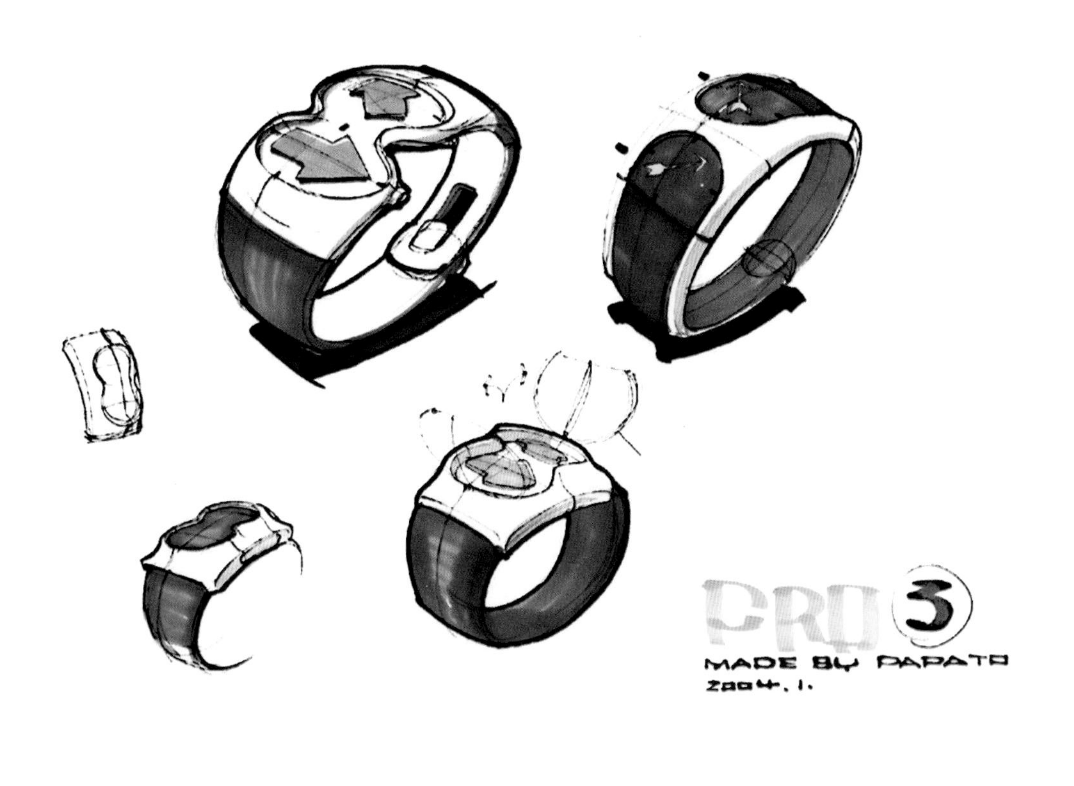

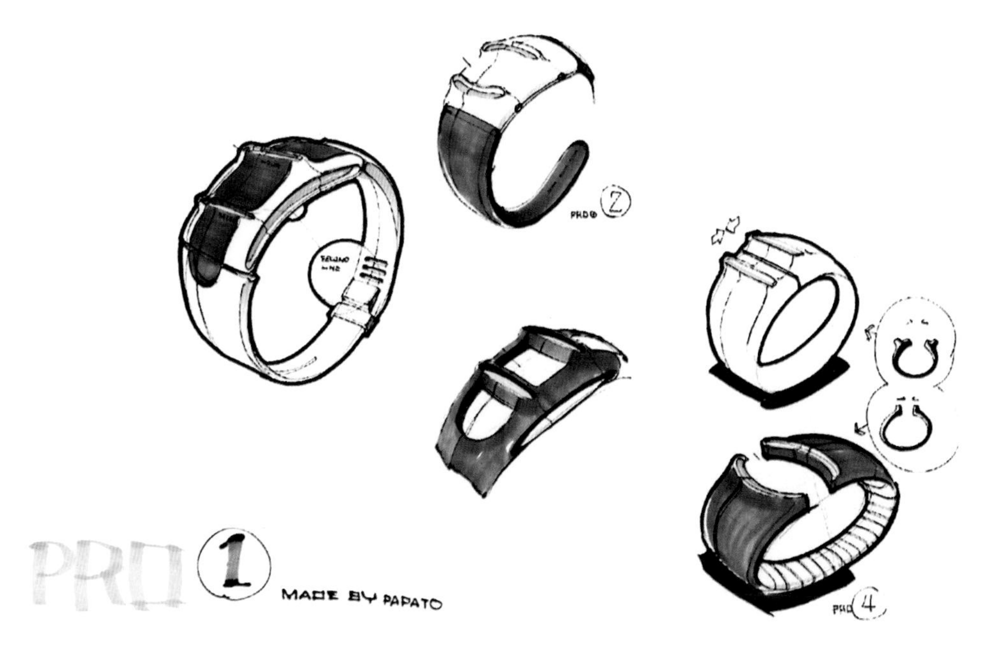

图3.13　特有形态的联想——概念手表设计（一）

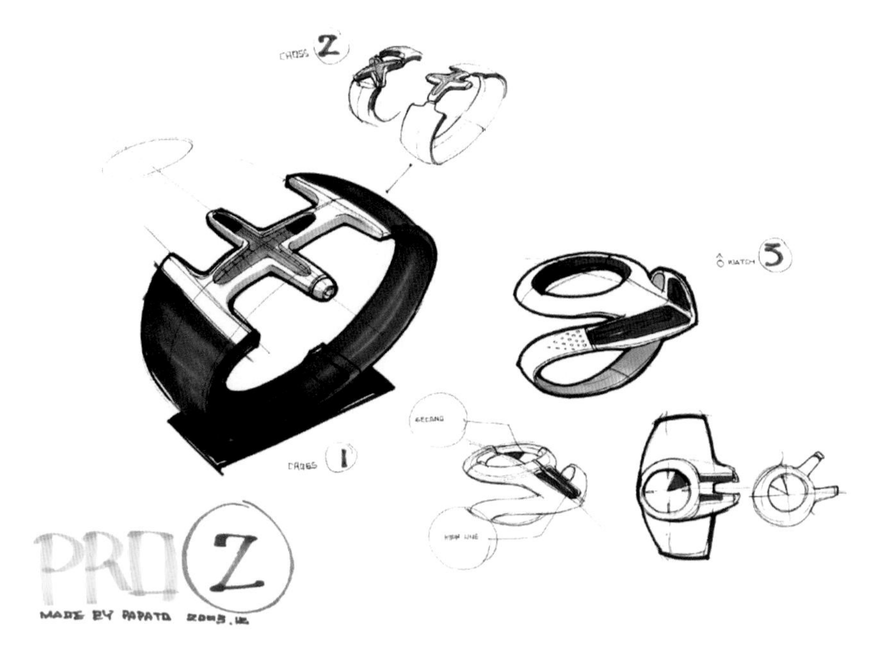

图 3.14　特有形态的联想——概念手表设计（二）

第五节　各种线的表现训练

线条能较好地、快捷地表达产品的基本结构（如形体轮廓、转折、比例等），所使用的工具简单，以铅笔、钢笔、针管笔、马克笔为主。在设计初期阶段，构思往往是活跃的，也是迅速的。运用简单的线条抓住要点来描绘设计构思，是一种快速有效的方式，对激发灵感，快速记录思想十分有帮助，而且更为深入的产品效果图也是建立在线的基础上的，如图 3.15 至图 3.19 所示。

铅笔：主要运用在大的结构外形当中，是用来勾形的工具。

钢笔：具有刚劲的气质，在确定了大的形状、结构后，做进一步深入的描绘工具。

马克笔：笔峰较粗，适合大的线条，可产生立体效果，强调重点所在。

以线条为主的表现性速写，运笔时应注意如下几点。

（1）线要连贯、完整，切忌断线与碎线。

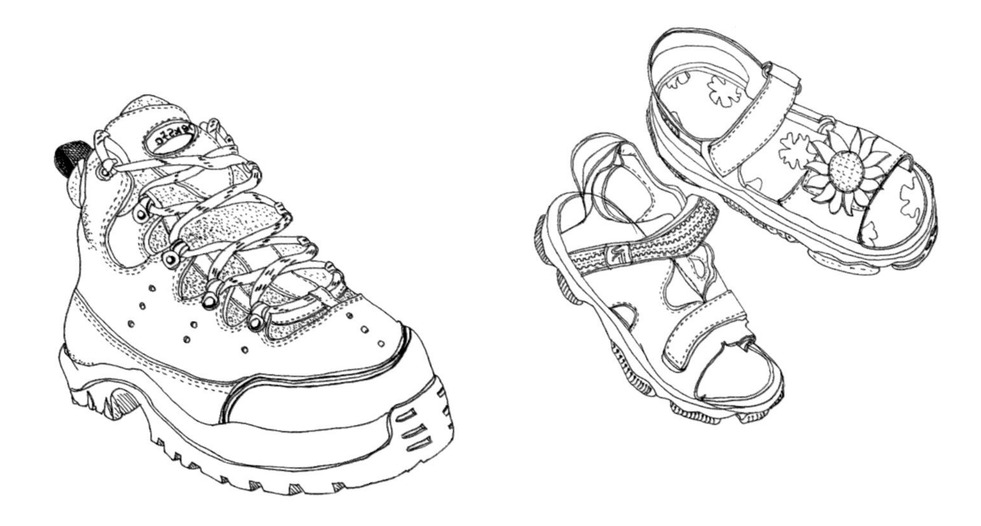

图 3.15 鞋类产品的单线表达

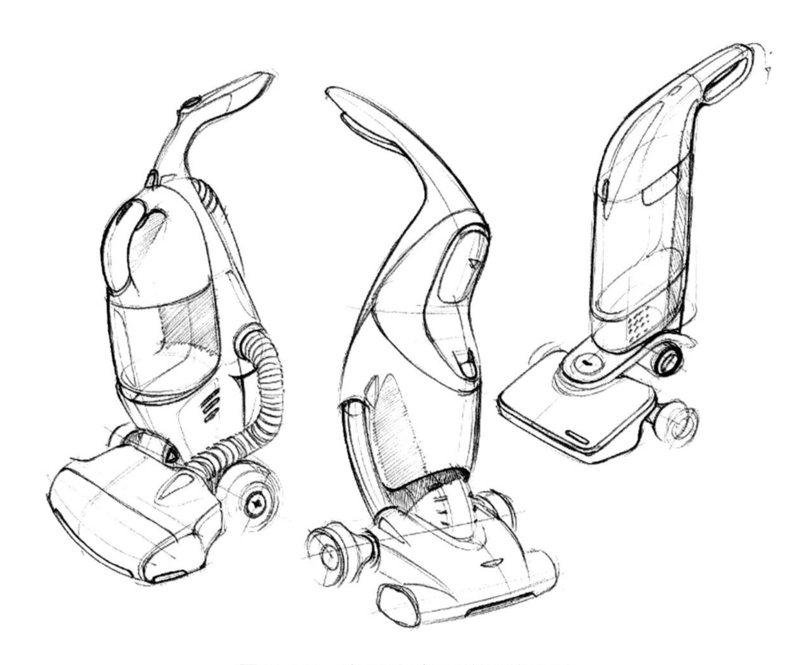

图 3.16 电子类产品的单线表达

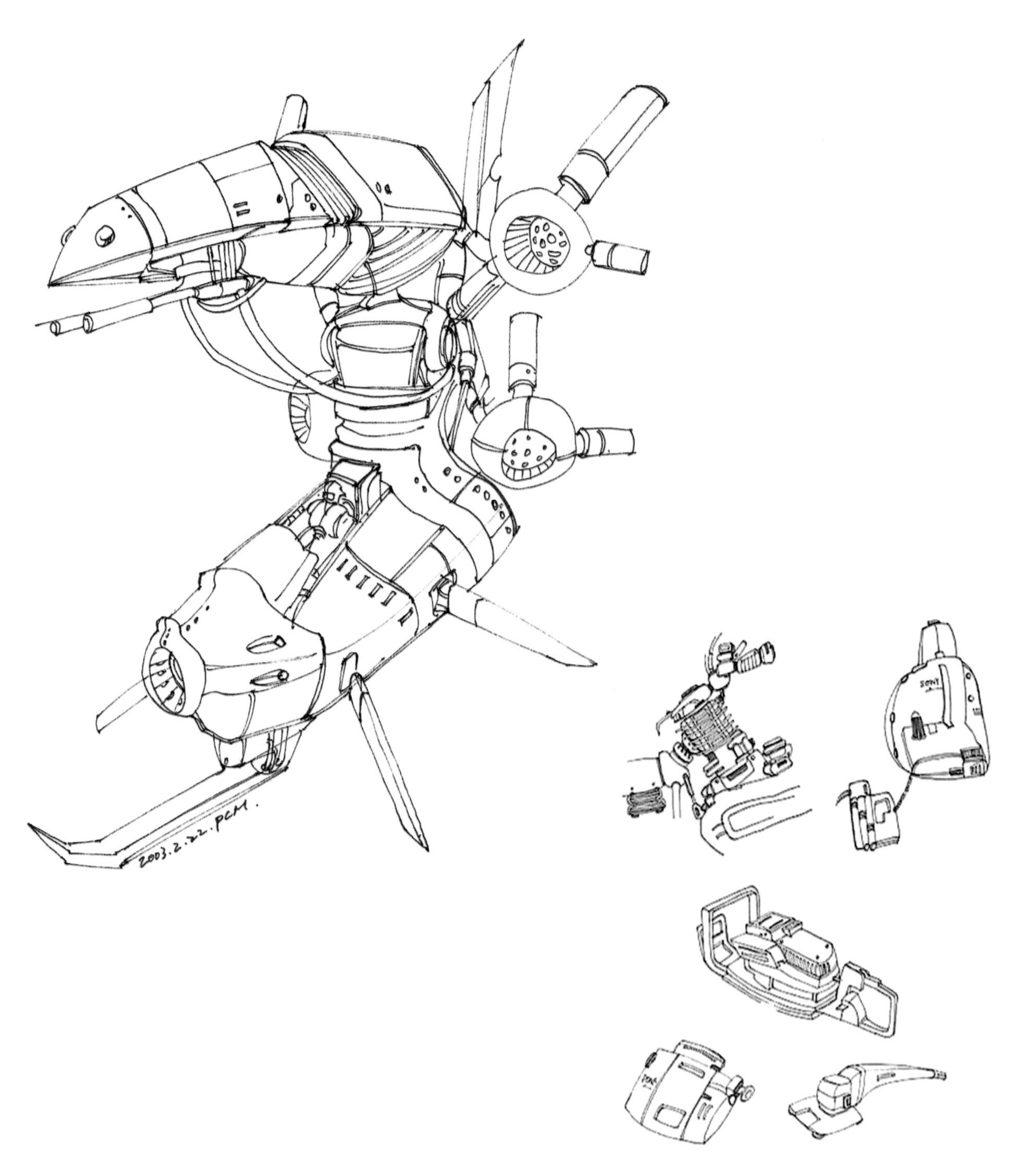

图 3.17　机械类产品的单线表达

图 3.18　产品结构图中辅助线条的运用

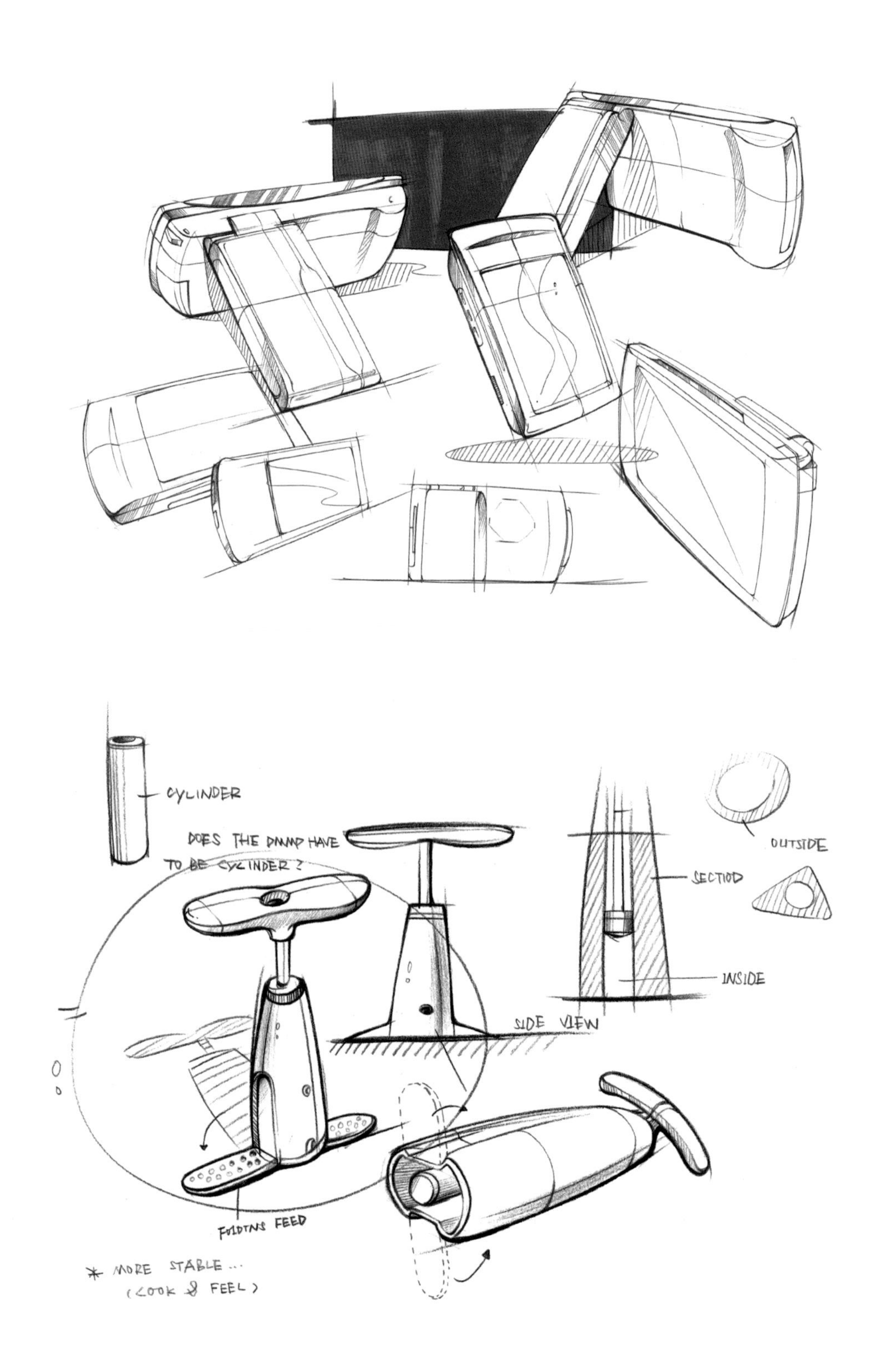

图 3.19　产品创意构思中辅助线条的运用

（2）线要中肯、朴实，切忌浮与滑。

（3）线要活泼、空灵，切忌死与板。

（4）线要有力度、结实，切忌轻飘与柔弱。

（5）线要有变化，刚柔相济，虚实相间。

（6）线要有节奏，抑扬顿挫，起伏跌宕。

第六节　线、面结合的表现训练

这类表现图是在单线草图的基础上，在需要用面表现的部分，如形体转折、关键处的明暗部，用宽头笔画“面”。线、面结合适宜表现光线照射下物象的形体结构，有强烈的明暗对比效果。通常，这类技法易于体现结构性较强的产品，使物体更加富有空间感和层次感，可以表现非常微妙的空间关系。线、面结合比单线草图更能直观、清晰地阐述产品，而且也更具体，是对产品形态的进一步肯定与塑造。

通常有以下三种比较常用的线、面结合的表现方法。

（1）用密集的线条排列，可以画得准确；用涂擦块面的表现方法，可以画得生动而鲜明（图 3.20 至图 3.23）。

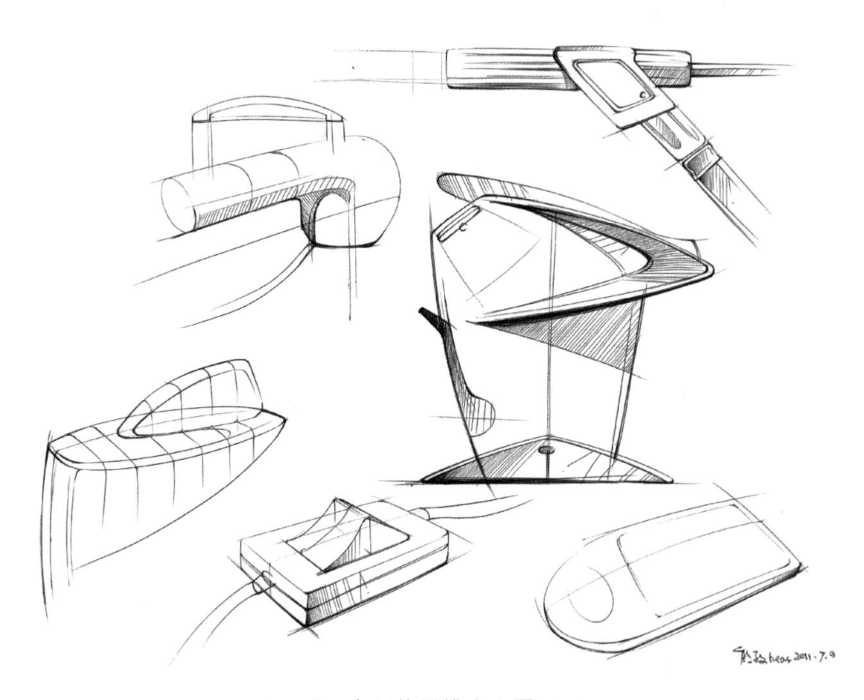

图 3.20　产品的单线表现图（一）

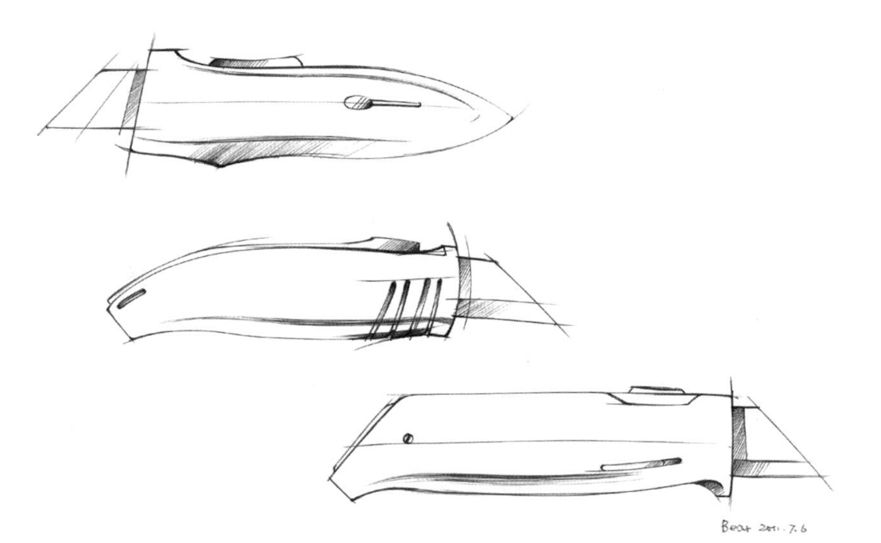

图 3.21　产品的单线表现图（二）

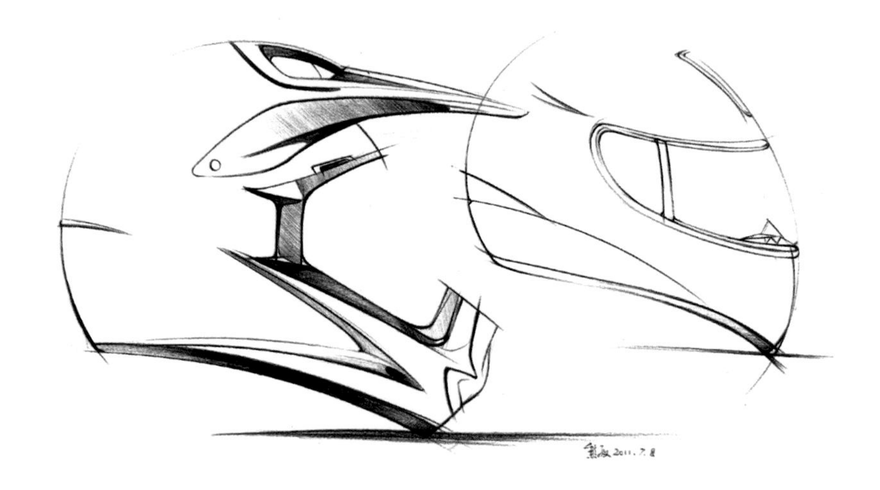

图 3.22　产品的单线表现图（三）

图 3.23　产品的单线表现图（四）

（2）用密集的线条和块面相结合的表现方法，能兼顾两者之长，如图 3.24 和图 3.25 所示。

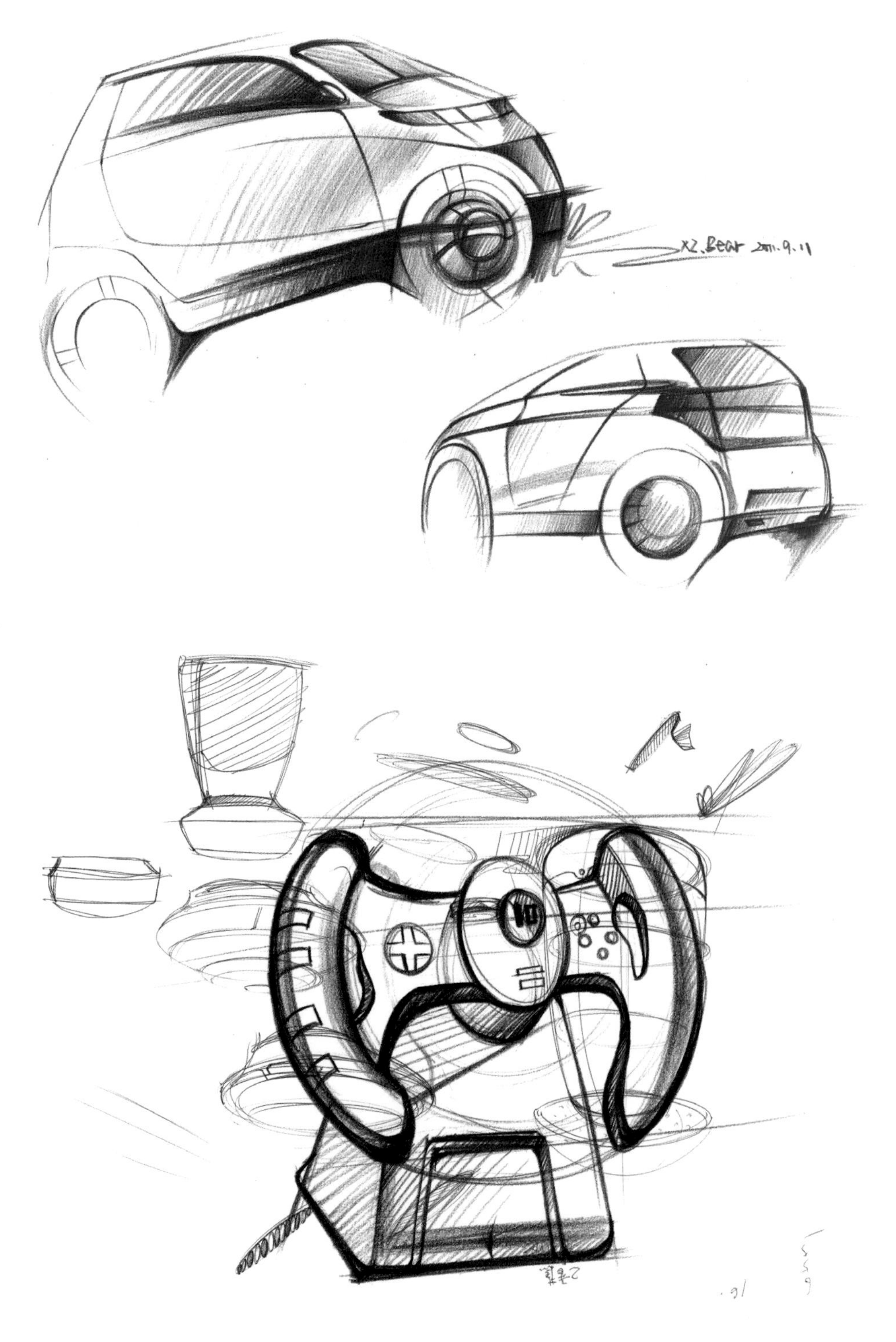

图 3.24　产品的线、面结合表现图（一）

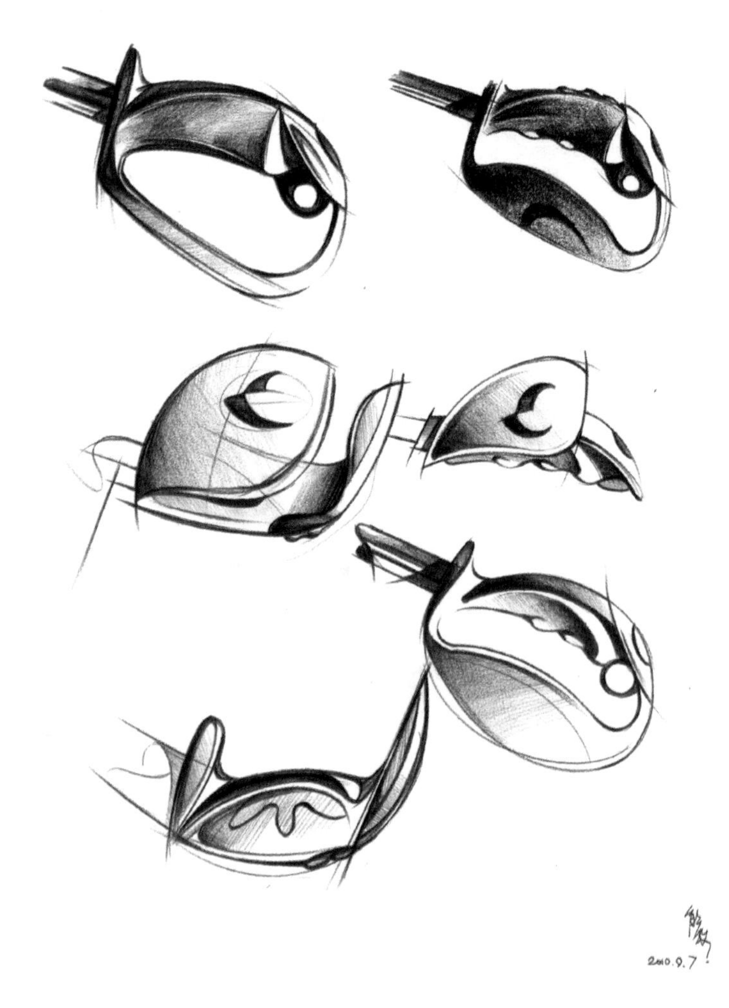

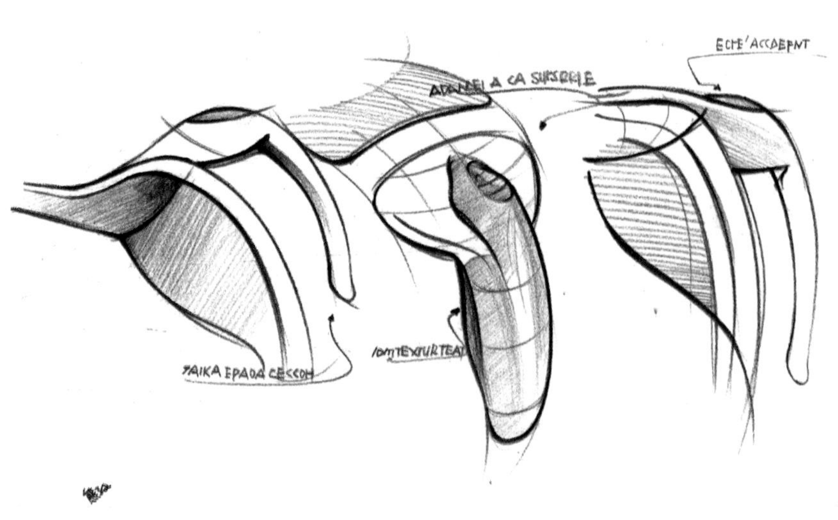

图 3.25　产品的线、面结合表现图（二）

（3）用毛笔蘸墨汁进行大面积涂抹，并有浓淡与深浅的变化，如图 3.26 所示。

草图绘制过程中应注意的问题：

（1）要讲究黑白对比，注意黑白鲜明，忌灰暗平淡。
（2）要讲究黑白呼应，注意黑白交错，忌偏坠一方。
（3）要讲究黑白均衡，注意疏密相间，忌毫无联系。
（4）要讲究黑白韵律，注意起伏节奏，忌呆板沉闷。

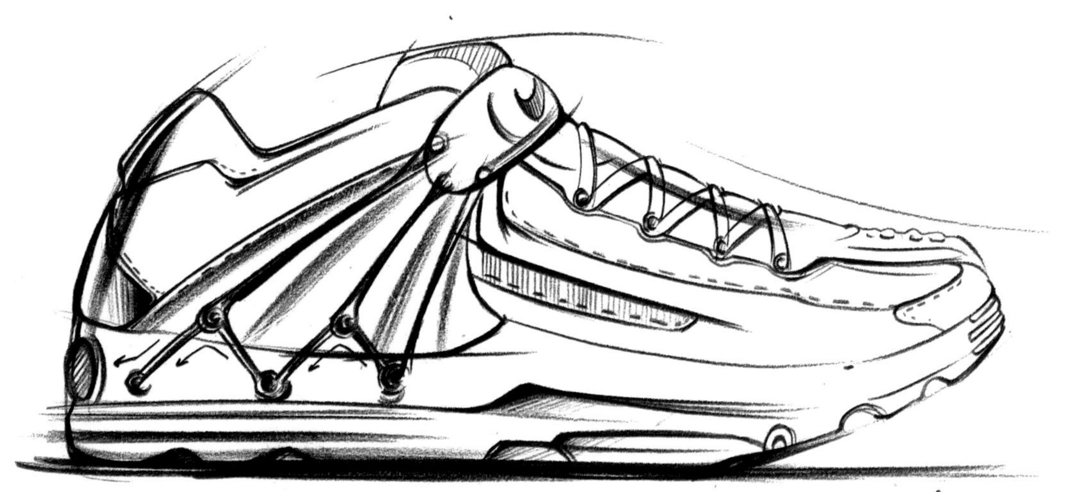

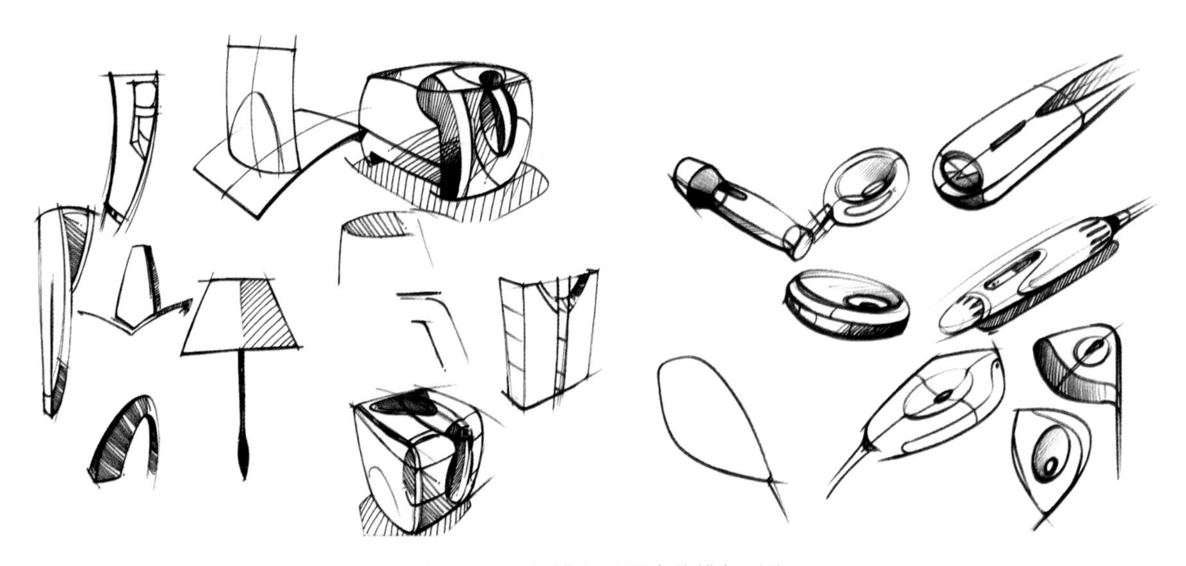

图 3.26　单线表现图中的线条对比

产品设计不同于平面设计，它属于三维的范畴。所以在绘制草图时，一定要表现出立体效果，才能将设计构思表达清楚。要清晰、直观地表现产品设计构思，必须学习如何表达形体关系。草图中线条的对比关系如图 3.27 至图 3.39 所示。

1. 抓住主明暗、大关系

这是绘画的基础，在素描中也主要强调这一点。将大的色彩关系掌握好，黑、白、灰处理到位，明暗把握准确，就能达到预想的立体效果，才能将设计逐步明朗化。例如：将正方形变化成正方体、把圆形画成球体也是靠处理明暗关系来实现的。在设计草图阶段，不需要像素描一样细致刻画，只需将能够表达物体形态特征的转折、

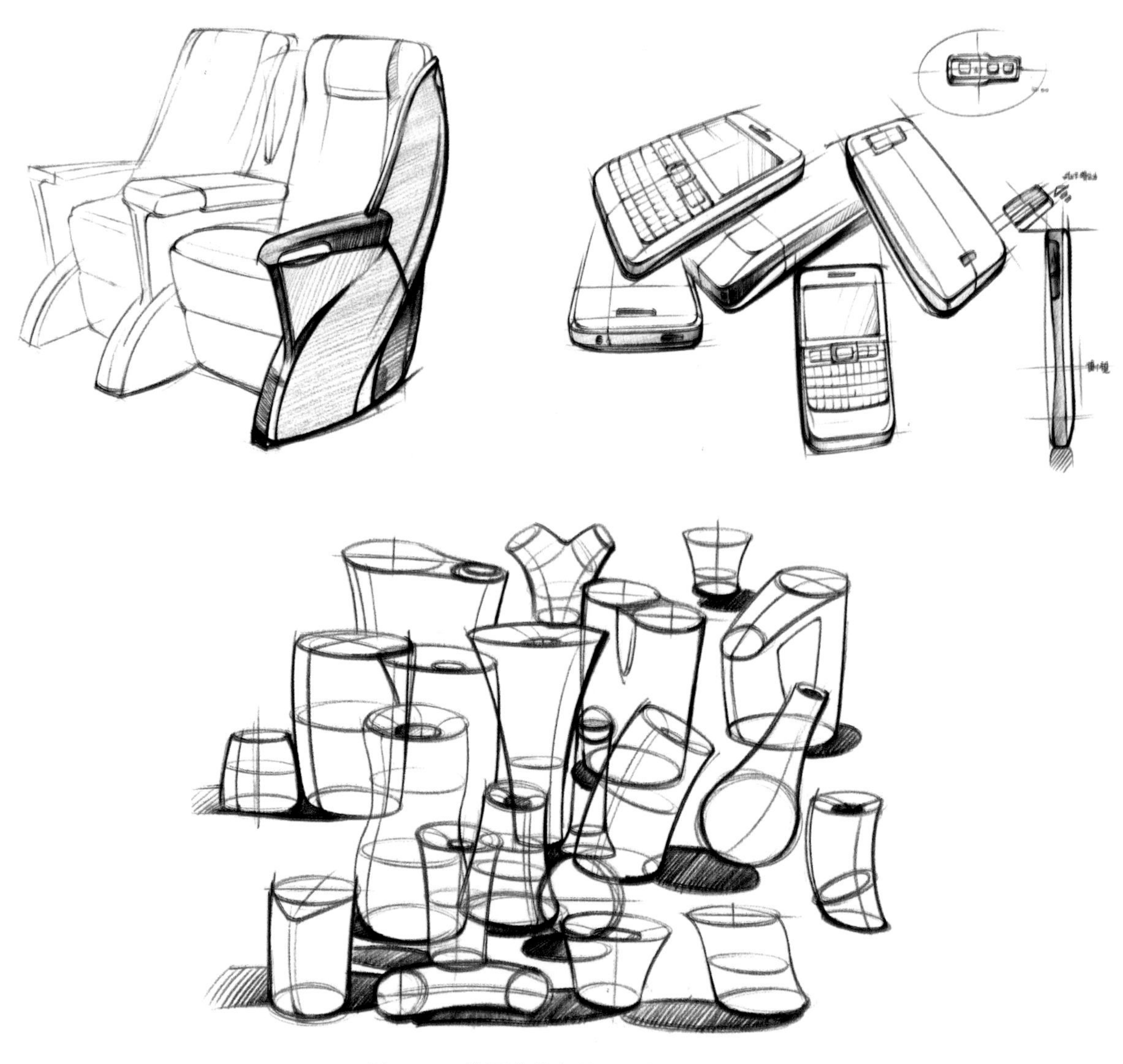

图 3.27　草图中线条的对比关系（一）

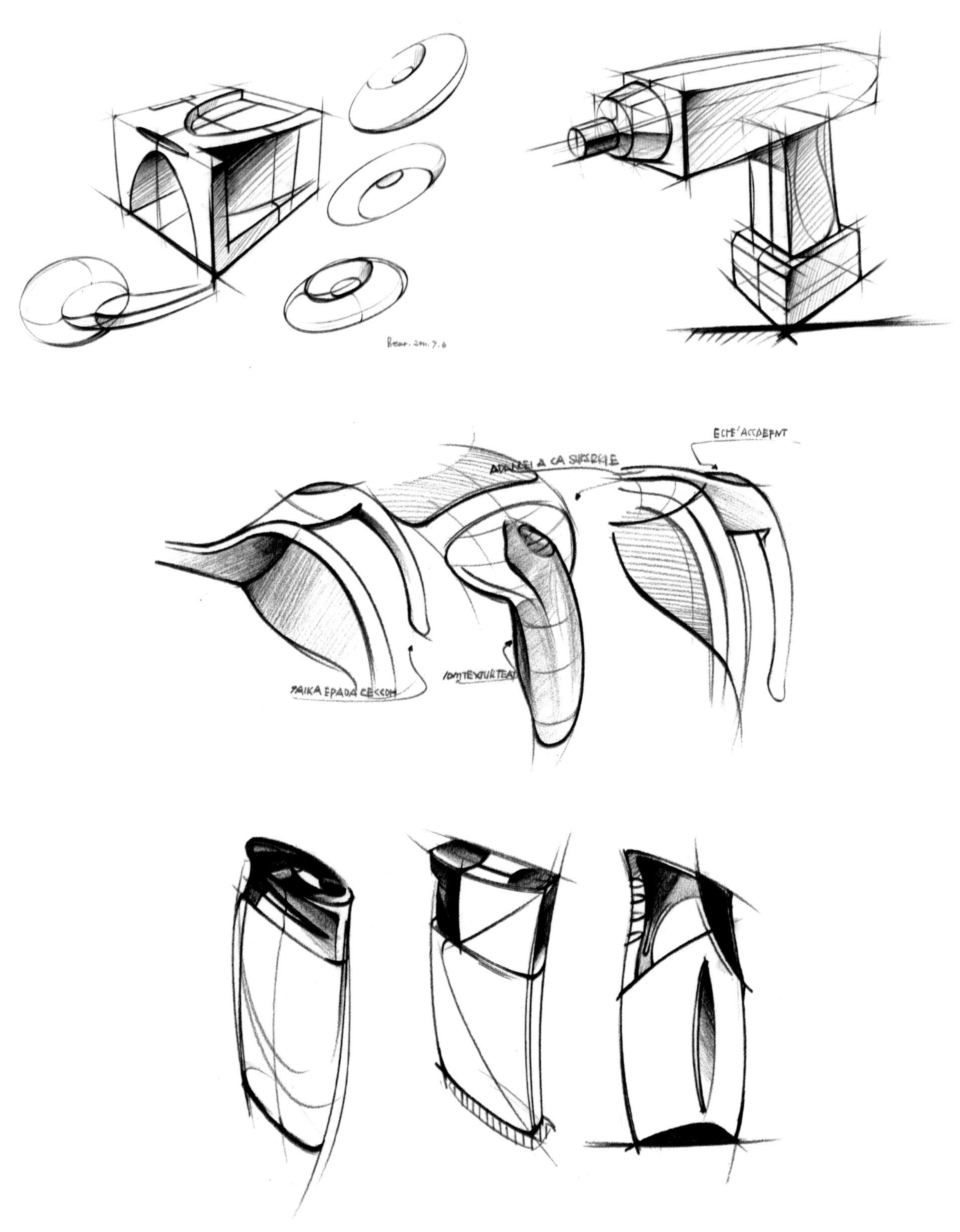

图 3.28　草图中线条的对比关系（二）

轮廓等关键处表达清楚即可。

2. 形体过渡

对于产品形体，我们都可以简单地理解成立方体、圆柱体、圆锥体、球体及这些单体组合形成的综合体（图 3.29）。一般的产品都是几个单体的组合，在设计表达中，要想清楚地表达这些单体组合的方式，必须将形体转折处用线、面或色彩表现出来。

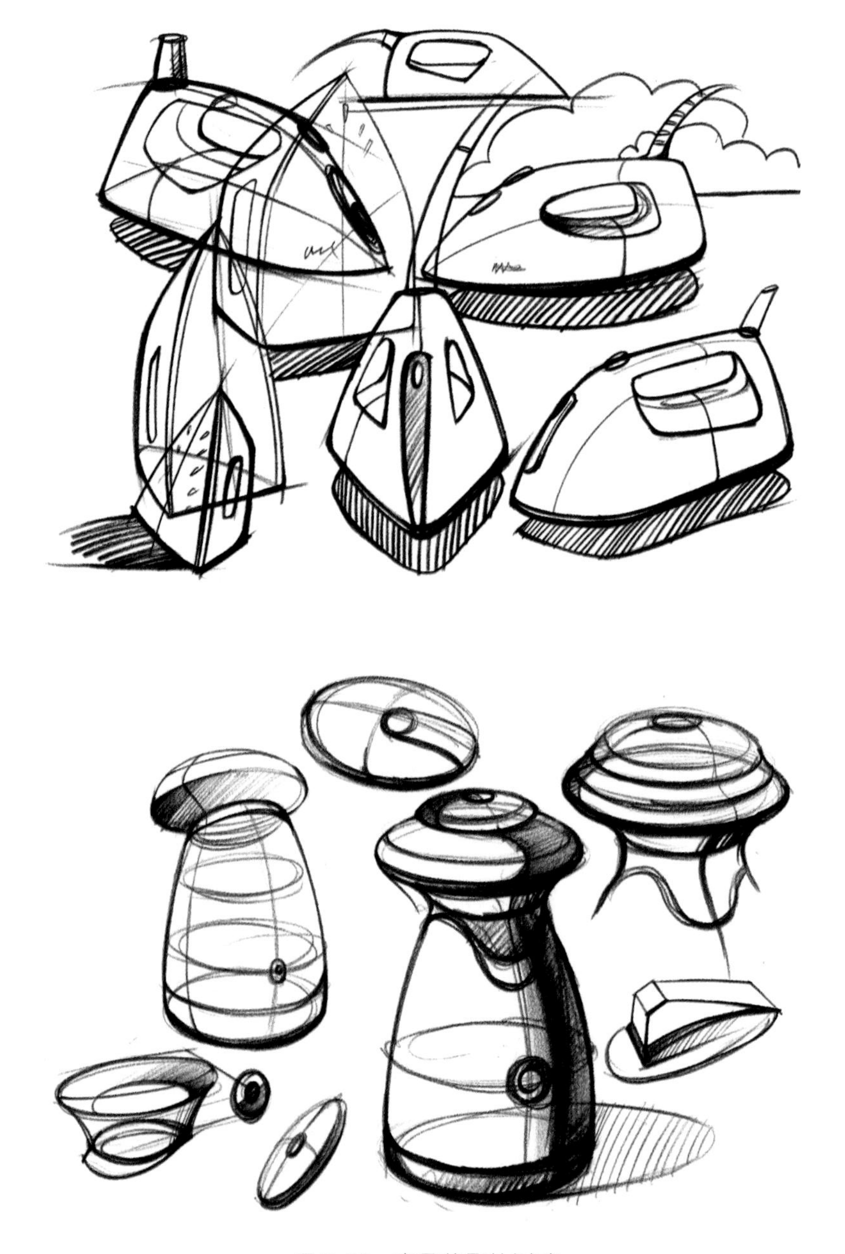

图 3.29　产品的形体过渡

第七节 淡 彩 草 图

在草图中加入色彩上的处理，就好比给房屋装修一样，让方案更加细致、清晰，更加有表现力，也是区分不同功能区和部件的手段。但是这类图中的色彩表现不同于效果图，只需用简单的色彩来表达，如图 3.30 至图 3.36 所示。

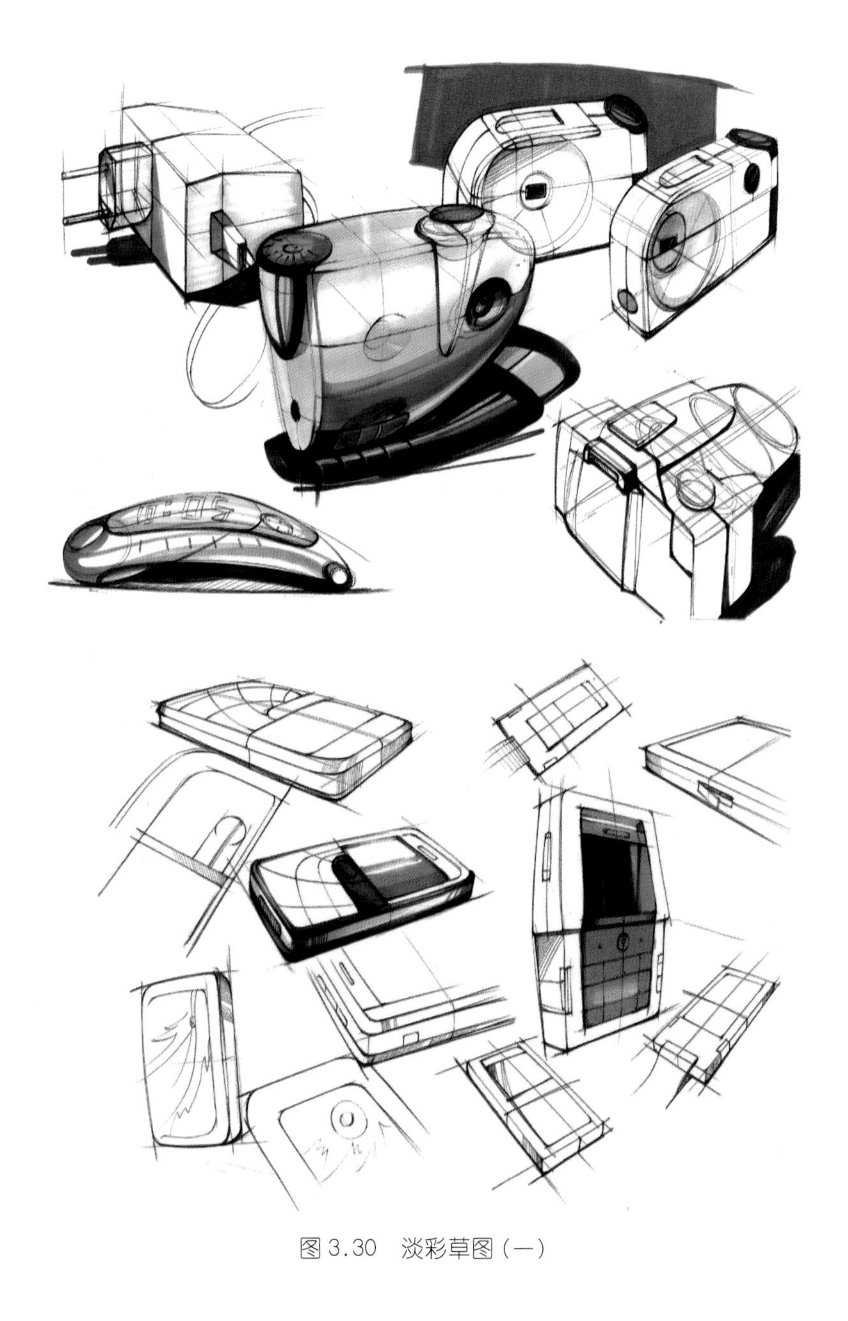

图 3.30 淡彩草图（一）

图 3.31　淡彩草图(二)

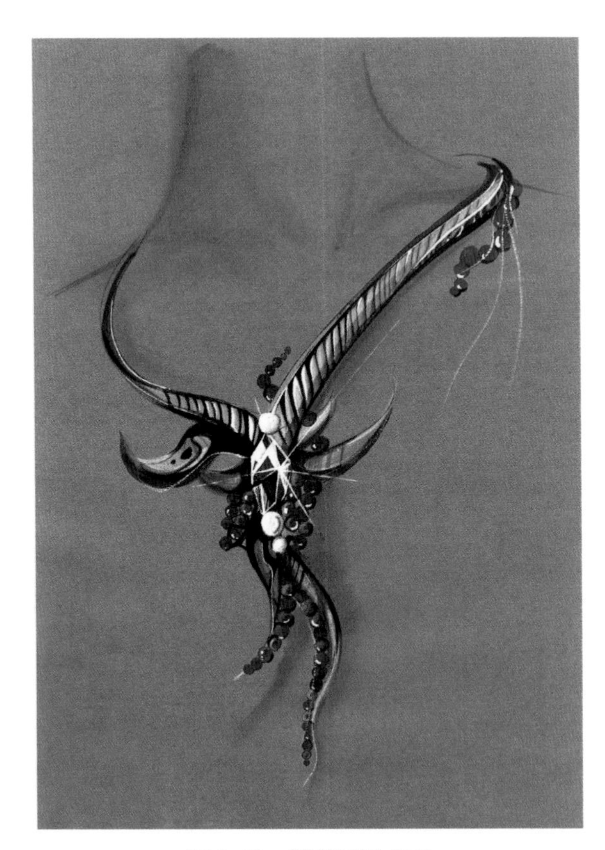

图 3.32　淡彩草图(三)

图 3.33　淡彩草图(四)

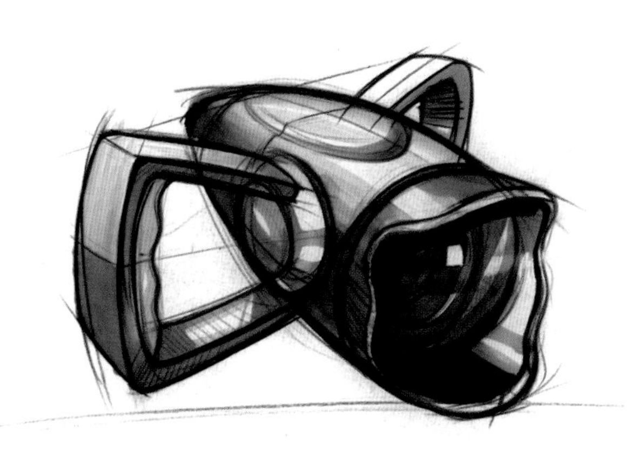

图 3.34　淡彩草图（五）

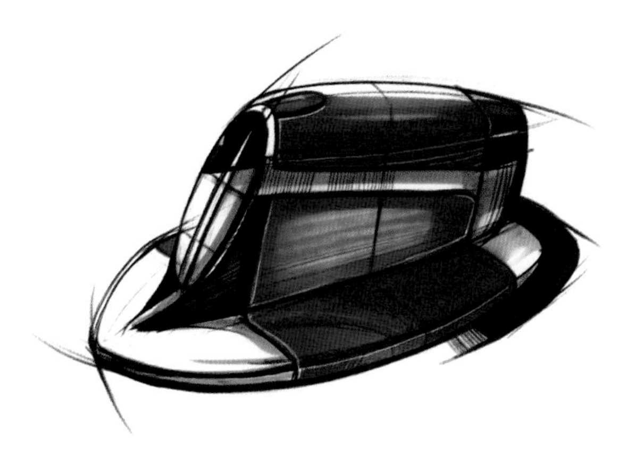

图 3.35　淡彩草图（六）

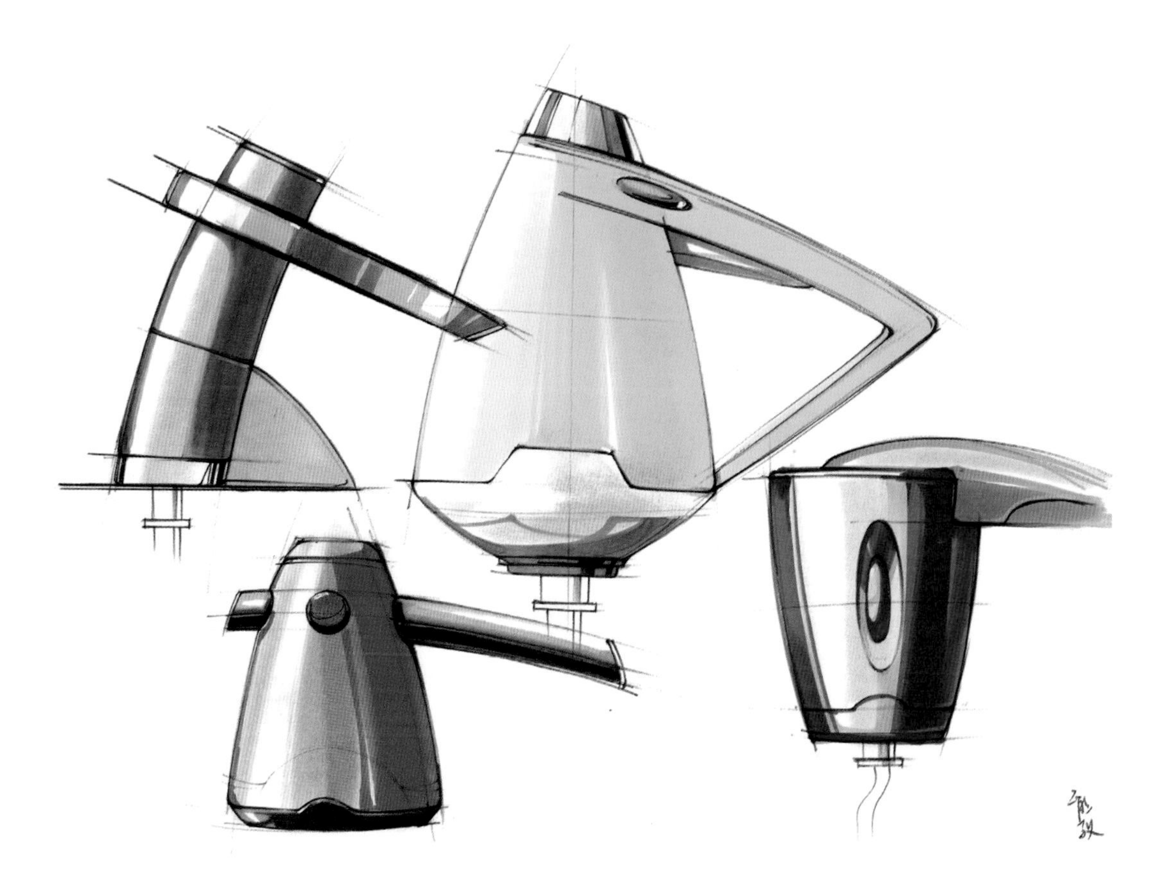

图 3.36　淡彩草图（七）

在草图绘制过程中，应注意以下几个问题。

（1）运用线、面结合的方法时，应防止线、面分家。例如先画轮廓，最后不加分析地硬加些明暗，会表现得很生硬。

（2）可适当减弱物体由光线引起的明暗变化，适当强调物体本身的组织结构关系，有重点地进行表现。

（3）用线条画轮廓，用块面表现结构，注意概括块面关系，抓住要点施加明暗，切忌不加分析与选择，照抄明暗。

（4）注意物象本身的色调对比，有轻有重，有虚有实。切忌平均，没有重点。

（5）明暗块面和线条的分布既有变化，又谐调统一，具有装饰与审美趣味。抽象绘画非常讲究这一点。

（6）设计思路要清晰、明确。形体的透视和比例要准确，在产品的色彩和质感上要有一定说明性。

课后练习

练习一：直线、曲线的基础训练

练习各个角度的直线与曲线的变化。

练习要点：
（1）注意合理的构图。
（2）按照正圆与椭圆的训练步骤进行曲线的练习。

练习二：几何形态的变化与组合训练

以基本的几何体为元素，按照设计的加、减法做形体的穿插变化，用手绘的方式将变化后的形态表达出来。

练习要点：
（1）形态的穿插关系要合理，草图的透视表达要准确。
（2）先从简单的几何体开始训练，循序渐进，由简入繁。

练习三：特有形态的联想训练

以26个英文字母或者阿拉伯数字为原型，进行变化，塑造成产品的形态。

练习要点：
注意形态变化的合理性，以及形态与功能性的结合。

第四章

设计手绘表达的综合训练

课前训练

马克笔的基本使用方法。

目的与要求

通过学习本章内容，了解设计手绘的色彩表现以及不同材质的特点与表达方法。

本章要点

各种材质的表现技巧。

本章引言

完整的设计手绘表达，需要依靠色彩来烘托画面的整体效果，作为视觉审美的核心，色彩深刻地影响着人们的视觉感受和情绪状态，本章重点讲解手绘表达的色彩表现，以及不同材质的表现方法与技巧。

第一节 色彩表现

一、色彩与产品造型

在这个色彩缤纷的世界里，任何造型物体的外部都具有明显的色彩特征。色彩作为产品造型设计的彩色外观，不仅具备审美性和装饰性，而且还具有符号意义和象征意义。作为视觉审美的核心，色彩深刻地影响着人们的视觉感受和情绪状态。人们对色彩的感觉最强烈、最直接，印象也最深刻。造型的色彩来自于色彩对人的视觉感受和生理刺激，以及由此而产生的丰富的经验联想和生理联想，从而产生复杂的心理反应。

造型设计中的色彩在很大程度上能暗示人们关于产品的使用方式，如传统照相机大多是黑色外壳，显示其不透光性，同时提醒人们注意避光，并给人以专业的精密性与严谨感；而现代数码相机在技术上没有避光的要求，多以银色、灰色以及更多鲜明的色彩系列作为产品的色彩呈现。产品的色彩表现，应依据产品表达的主题来体现其诉求。对色彩的感受还受到所处时代、社会、文化、地区以及生活方式、习俗的影响，反映着追求时代潮流的倾向。

二、色彩明暗图的表现

线条给人的感觉始终是单纯的、单薄的，不足以表现物体丰富的形体，只有与明暗结合运用，才能让人产生真正的视觉幻觉——立体感。

单线条可以在纸面上创造出优美的立体造型，而借助阴影变化可以而使立体效果得到加强。设想有光源从前往后、从左往右的方向投射在一个正立方体上，立方体的三个面就有了明显的明暗差别，即亮面、灰面和暗面，称之为“三大面”。如果光源的方向改变，那么这些面之间的明暗关系、明暗程度就会明显改变。如果仔细地观察物体，就会发现除此之外还有一些微妙的变化，例如：受光部分和背光部分的交接位置，因为明暗对比的作用，显得最暗，这一条最暗的位置称之为明暗交界线；受地面、周围环境或其他光源的影响，暗面的某些部分会变得稍稍亮一些，成为次暗面。亮面、次亮面（灰面）、明暗交界线、暗面和次暗面构成了明暗变化的“五大调”。色彩表现效果图就要充分运用五大调子的变化来塑造物体。

1. 明暗图表现的步骤（图4.1）

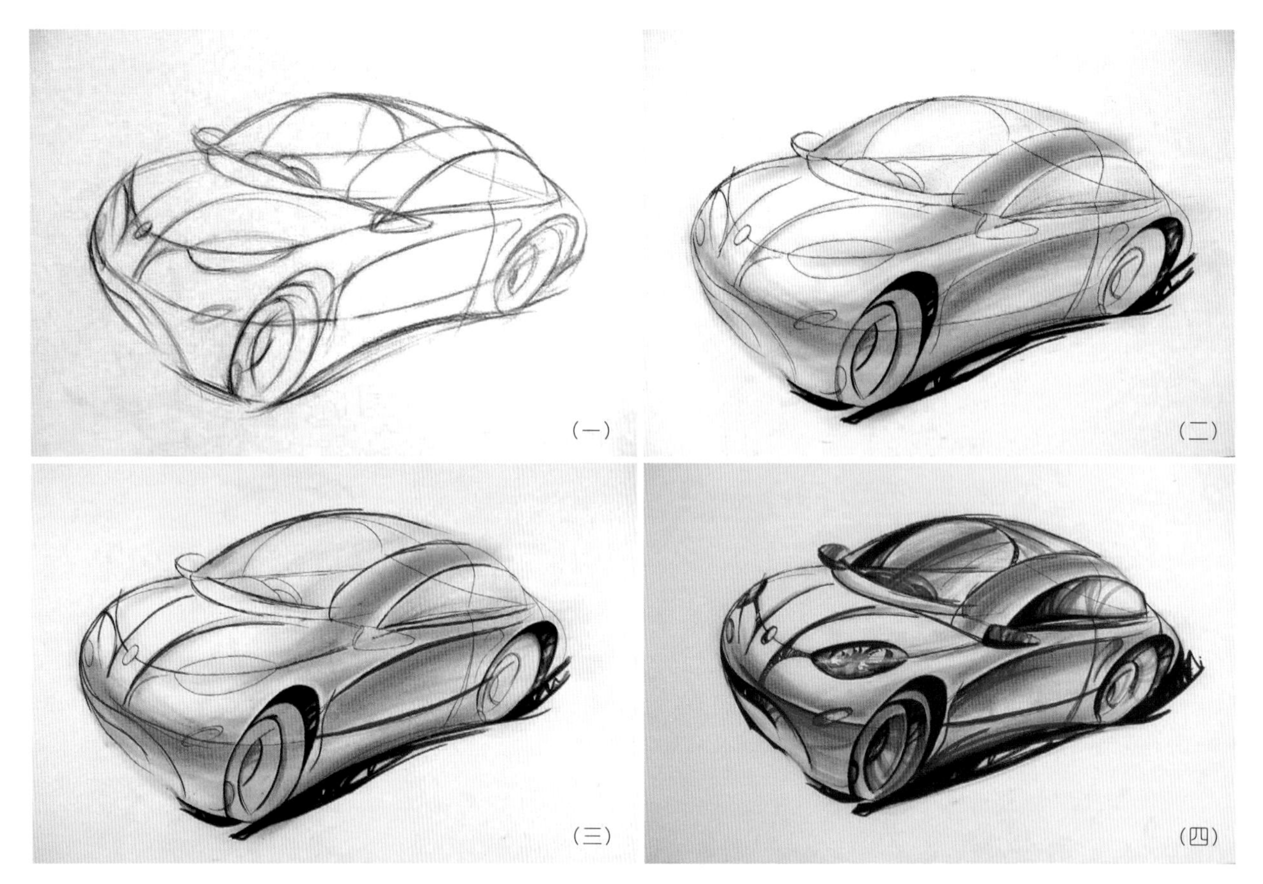

图4.1 明暗图表现步骤

(1) 设定光源：按照线条图表现的步骤完成整体效果后，首先假定一个光源，选择45° 光线方向从左上方或右上方照射均可。产品的主特征面和功能面应向着光线方向，作为亮面，并把最小的和次要的面作为暗面，这样可避免大面积地表现暗部。

(2) 表现分界线：根据光线方向，找出产品的明暗分界线。先用笔芯的较宽部分轻贴纸面，轻轻滑动，反复叠加，注意轻重变化，根据材质、光线、圆角的情况，决定深浅的变化。

(3) 暗部表现：前面设定光源时，一般来说暗部都应该是最小的面，从明暗分界线开始，还是用粗而平的笔芯逐步变浅处理；离分界线最远处留白，作为反光部分，这一部分的大小决定于材质。在笔触叠加时，注意不要完全覆盖，需要有一定的缝隙透气。

（4）整体调整：在暗部表现基本完成后，需要进行整体的调整、总体的明暗对比，还有小的细节部分的明暗处理，小的按钮和凸起等。另外还需注意亮面部分也不是全部留白的，尤其是一些曲面部分、圆角转折部分，在离视平线较远部分转折处也有明暗的变化。

（5）阴影处理：在明暗图的快速表现里，阴影是必不可少的。既可以像前面线条图表现一样使用排线，也可以按照预先设定的光线方向，沿产品的轮廓用深色笔加深，层层叠压，同时要有留白，不要涂得过死。同时也可以对轮廓线进行修正和调整，以突出整体效果。

（6）点高光：点高光可以用白色铅笔或者修改液，其中笔式修改液使用起来比较方便。高光忌多、忌乱，应考虑前面光源的设定方向，白色铅笔沿着受光边线轻画，在拐角处或者迎光面的最高处用修改液点上高光点，然后轻轻沿边线左右划一下。在使用彩色铅笔表现时，高光部分一般都是预先留好的，在后期修改时可以用橡皮轻轻擦出。

2．色彩表现要点（图4.2）

（1）在线条图表现的基础上，在产品局部阴影处、投影位置、暗面等位置，进行深入刻画，以加强产品的立体感、层次感，较为系统地记录和表现产品的形体关系，使产品的表现更加清晰、生动。

（2）通过暗部和阴影的表现来覆盖错误和不准确的线条，矫正产品的透视等。

（3）一般情况下，一件产品的表现忌用色过多，以一种色彩为主色调，2~3 种色彩为次色调就足够了。

图 4.2　色彩表现图

（4）画面的色彩应注意整体表现，不协调的色彩混合在一起就会导致画面的混乱，让人看不清楚产品的主色调。

（5）作画的过程中，注意留白，恰当的留白胜过大面积的平涂，特别注意明暗交界线部分的色彩表现，这是一幅产品表现效果图好坏的关键。

（6）效果图的色彩比较单纯，不像绘画色彩一样，不需要考虑太多的色彩关系，也不需要过多地表现色彩的微妙变化。

第二节 材质表现

材料质感的表现，就是抓住物体的表面肌理视觉特征。质感本身就是一种艺术形式，具有视觉经验的人，不是靠触觉来感知物体的重量、温度、干湿、软硬、粗糙、细腻的，而是直接靠视觉感知的。表现图是在二维的平面上表现三维的真实效果，需要设计师具有良好的质感表达能力。

根据物体的表面肌理，大致将物体分为以下四类。

（1）透光不反光，如一些网状的编织物。

（2）透光并反光，如玻璃器皿、透明塑料、水晶等。

（3）不透光而反光，如大理石、瓷器、金属、电镀材料、光泽塑料等。

（4）不透光也不反光，如砖、木材、亚光塑料、密编织物、亚光皮革等。

用不同的表现方法体现物体的质感，是一个设计师必须具备的能力，在不同的场合表达不同的对象，采用最恰当的表现手段，从而达到事半功倍的效果。因此，准确表现产品的质感，对产品表现图来说至关重要。在进行设计图表现时，对个别物体的质感描绘，应服从于整体明暗与色彩关系，从而达到艺术表现上的真实感。

一、木材材质的表现方法

木材的表现，要求表现出木纹的肌理。练习时可选用同一色系的马克笔重叠画出木纹，也可用钢笔、马克笔勾画或用“枯笔”来拉木纹线，采用徒手快速运笔，纹理融合较佳。不同的材质，可用不同的木纹色来描绘，有时纹路可用黑笔或色笔加强。木质的表面不反光，高光较弱，如图 4.3 所示。

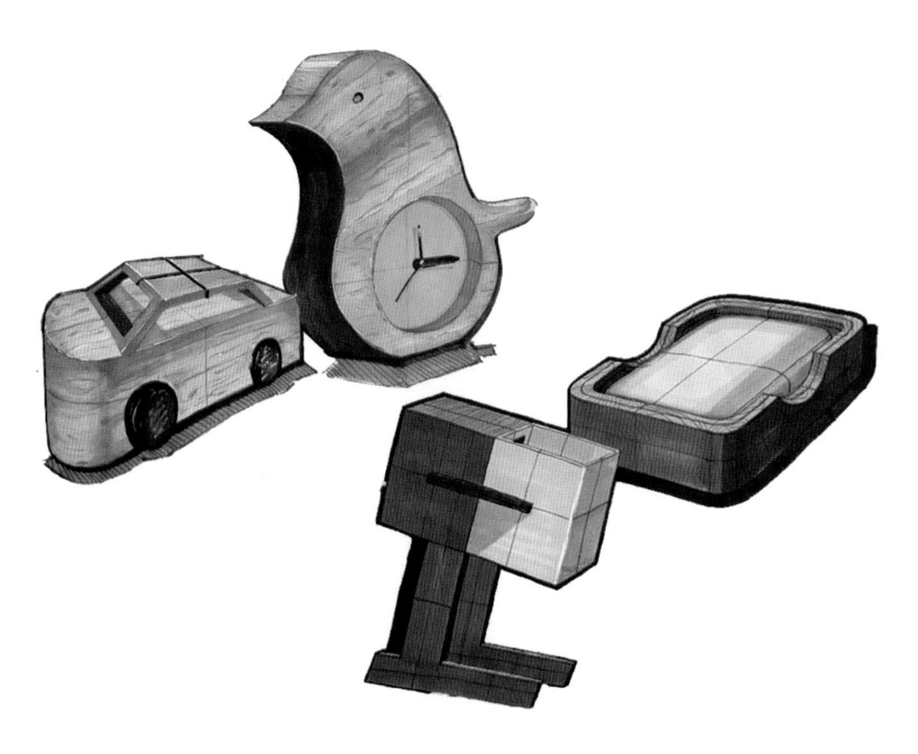

图 4.3　木材产品表现

木材材质的表现步骤如下（图 4.4）。

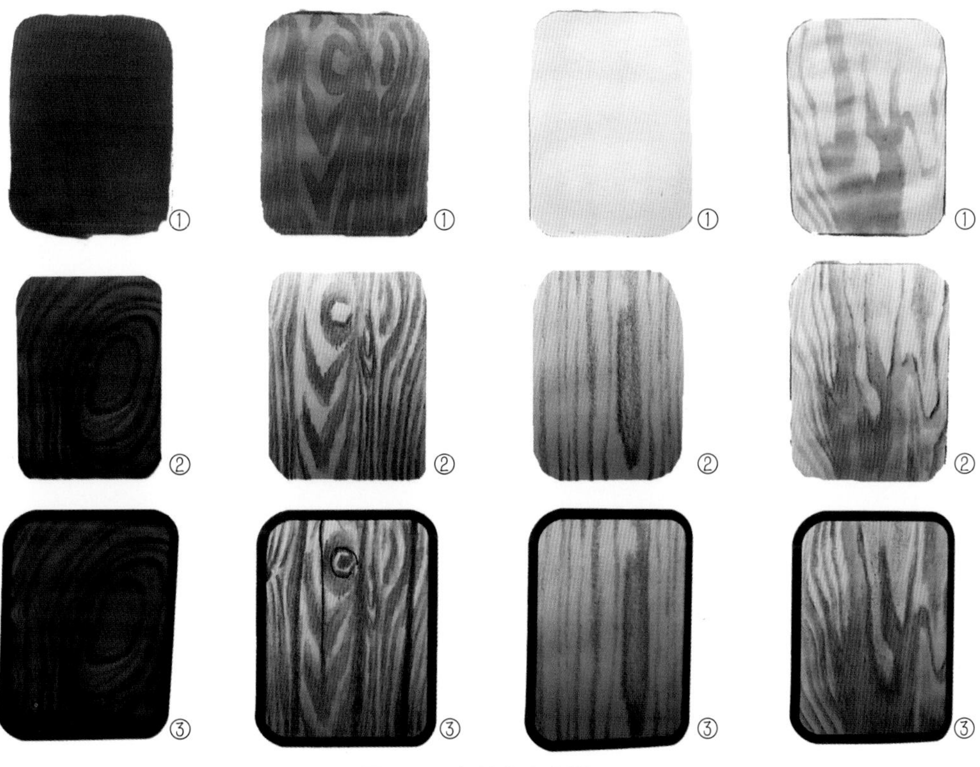

图 4.4　木材表现步骤

（1）用铅笔或 0.3 绘图笔勾画出木纹，画木纹时要疏密得当，流畅自然。
（2）根据木材的色彩选择橘黄色（或其他黄色）马克笔平涂画面，落笔要自然、肯定。
（3）用赭色根据木纹的变化画出木纹的深浅变化。
（4）用黑色彩铅沿木纹方向加深木纹的质感。

二、玻璃材质的表现方法

玻璃产品的特征：透明并伴有反光，黑白和色彩的变化柔和自然，可以反映出内部结构和背景色彩，白色高光强烈。

由于其透明感，一般用高光画法，在底色上施加明暗，点上高光即可，要画得轻松、准确。玻璃反光较强，其反光形状根据不同的结构而定，也可直接用水粉画出玻璃器皿的高光和反光。色粉笔在体现玻璃反光方面也是上等的材料，如图 4.5 和图 4.6 所示。

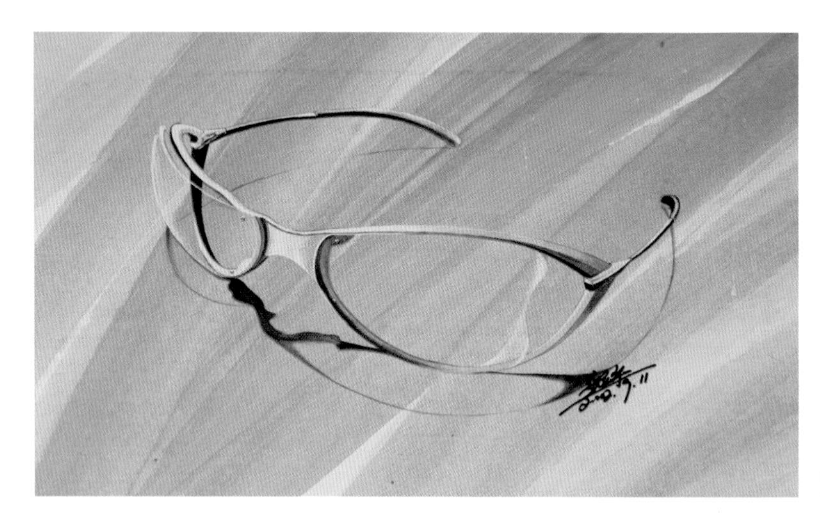

图 4.5　眼镜的表现

图 4.6　玻璃酒杯的表现

三、金属材质的表现方法

金属产品的特征：表面质感的光影醒目，明暗变化大，色彩与黑白反差强烈，过渡面柔和。主要包括亚光金属、电镀金属两个种类。亚光金属的调子反差弱些，有明显的明暗变化，高光较亮，基本上不反射外界景物；电镀后的金属基本完全反射外界景物，反影的变化随物体的结构而产生变化，调子对比反差极强，最暗的反影和最亮的高光往往连在一起，如图 4.7 所示。

图 4.7　金属材质的表现

表现步骤：

（1）用绘图笔画出产品的轮廓。

（2）根据产品的光影变化的规律，用黑色或深颜色画出交界线，由于产品的形状不一样，其光影变化规律是不一样的。

（3）用较深的笔画交界线的右侧，注意反光变化。用较浅的笔画交界线的左侧，离交界线远的一侧稍深，离交界线近的一侧稍浅，如果暗面用暖色，亮面可以用一些冷色作对比。

（4）用白色水粉色或白色彩色铅笔画出高光，高光一般沿交界线画，画高光要将点和线结合起来画。

四、塑料材质的表现方法

在产品设计上最常表现的材质就是塑料，塑料分为光泽塑料和亚光塑料。光泽塑料的反光较强烈，而且产品多有色彩上的变化，着色时尽量消除笔触，常使用渐变着色。亚光塑料调子对比弱，没有反光笔触，高光少而且灰，如图 4.8 和图 4.9 所示。

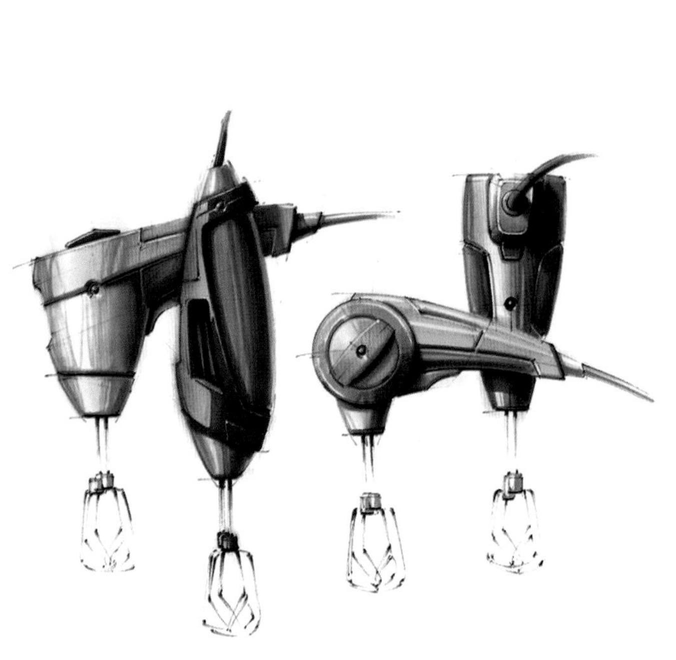

图 4.8　塑料材质的表现（一）

图 4.9　塑料材质的表现（二）

表现步骤如下。

（1）用绘图笔画出产品的轮廓。

（2）用水粉颜色或马克笔画出产品的受光面和背光面，画塑料材质时，要注意光影变化不要太强烈，可以画得厚实一些，特别要注意产品转折面的色彩过渡。尽可以使变化的层次自然一些，运笔不要太突出。勾勒产品轮廓线时，要注意线条的透视变化。

（3）用白色水粉色或白色彩色铅笔画出高光，画高光时不能太孤立，先用浅色画，最后用白色画。

五、皮革的表现方法

皮革分为亚光性皮革和光泽性皮革。亚光性皮革的调子对比弱，只有明暗变化，不产生高光。光泽性皮革产生的高光也是较弱的，画皮革时要注意明暗的过渡，以表现出其柔软性。皮革制成的产品都没有尖锐的转角，而是有一定的厚度，有柔软感，作画时应表现出这种特点（图 4.10 和图 4.11）。拼接后的线缝是体现皮革质感的重要组成部分，不可省略掉。

不同的质感肌理能给人不同的心理感受，它们不仅能帮助我们认识自然界千姿百态的材料质地及构成特性，而且能引发我们的创意灵感。我们要学会利用塑料的轻巧、弹性等特点设计并制作日常家居产品；利用金属的坚硬、结实、厚重设计并制作重工业产品；利用织物的柔软、耐磨设计并制作坐卧类用品。而作为实用设计的美感，是由形美、色美、材料美三种因素构成的，而形、色、质三大要素是产品设计缺一不可而且相互统一的整体。工业设计师应当熟悉不同材料的性能与特征，对物体的材质、肌理与形态、结构之间的关系进行深入分析和研究，科学合理地加以选用，以符合产品设计的需要。

图 4.10　皮革材质的表现

六、软质材质的表现方法

软质材质产品的特征：明暗过渡要缓和，不要有太强烈的高光，转角要柔和，曲线要流畅，如图 4.11 和图 4.12 所示。

表现步骤：

（1）用绘图笔或美工笔画出产品的轮廓。藤质材料一般用在家具上，在画藤质家具时线条的处理非常重要，不同的排列可以表现不同的风格；不同的造型，其线条的表现方法也不一样。

（2）用黄色调或黄色调马克笔（也可以用水彩色）平铺着色，注意要留出材质的高光。

（3）用稍深的赭色或赭灰色画暗面。

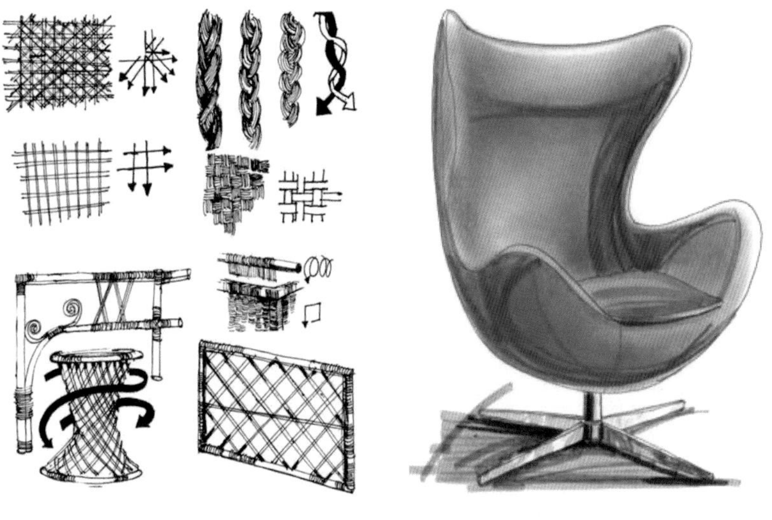

图 4.11　软材料的不同表现方式

图 4.12　软材料产品的表现

第三节　情 景 表 现

产品的情景表现是，综合产品的色彩与材质特征，对主题性产品进行表现。是一种为了更加突出产品与人在生活场景中的交互模式、产品的各种功能状态以及操作模式的图。

首先，产品的情景表现图，能表现出产品的基本比例关系以及人机操作的环境特点。在这类表现图中要注意把握产品的正确比例，在人机操作示意图的表现过程中，能相对清晰的表达产品的基本功能与产品的使用方式。

其次，通过整体与细节图示的表达，能充分表现出产品的各个方面的设计特点。在整体图示中无法表现清楚的细节，我们需要通过细节图示予以单独展示，细节图示能对主图起到补充说明的作用，并能引导看图的人能更清晰的理解设计师的设计意图，如图 4.13 所示。另一方面，通过整体与细节图示的表达，能充分表现出产品各个方面的设计特点，如图 4.14 至图 4.22 所示。

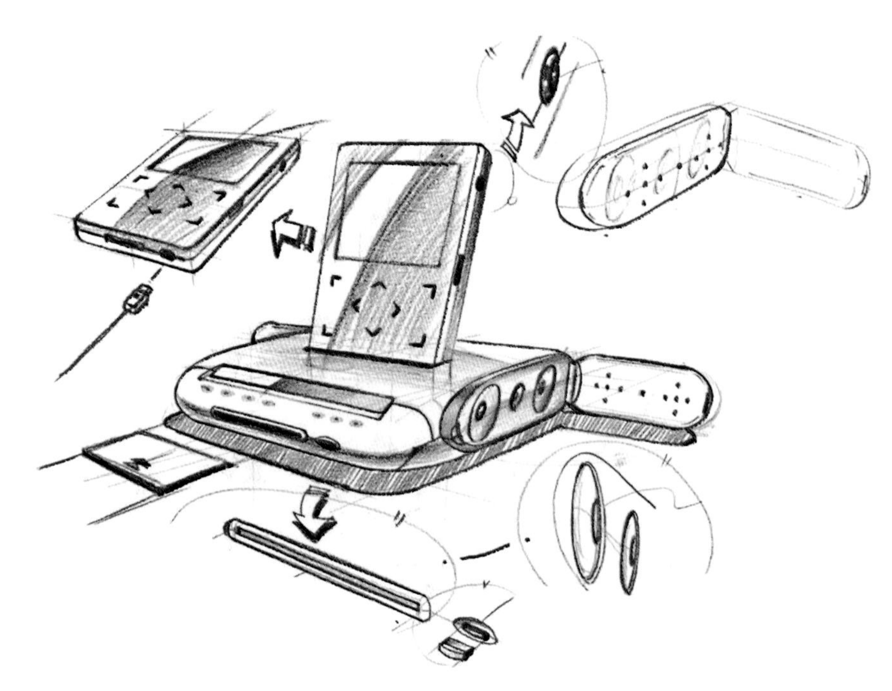

图 4.13　产品情景表现图（一）

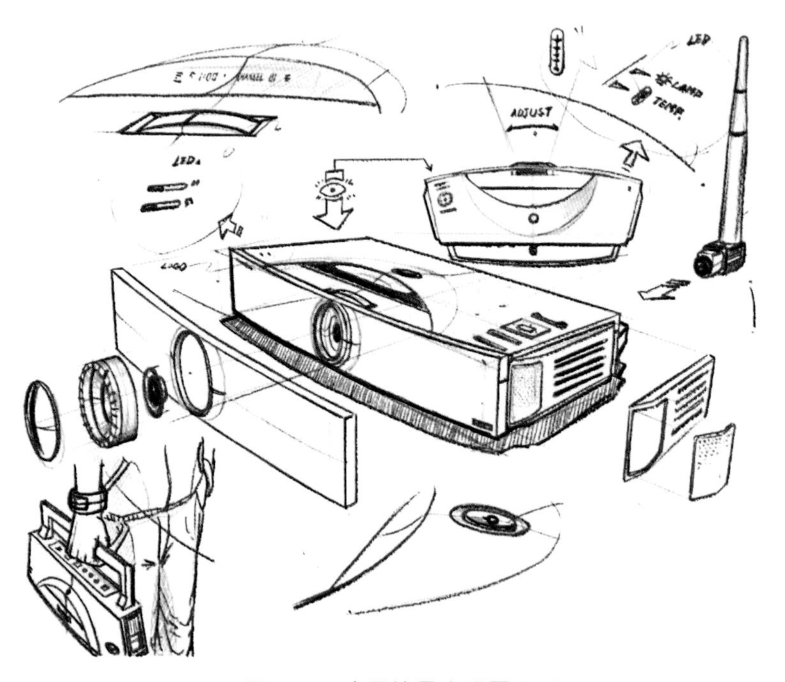

图 4.14　产品情景表现图（二）

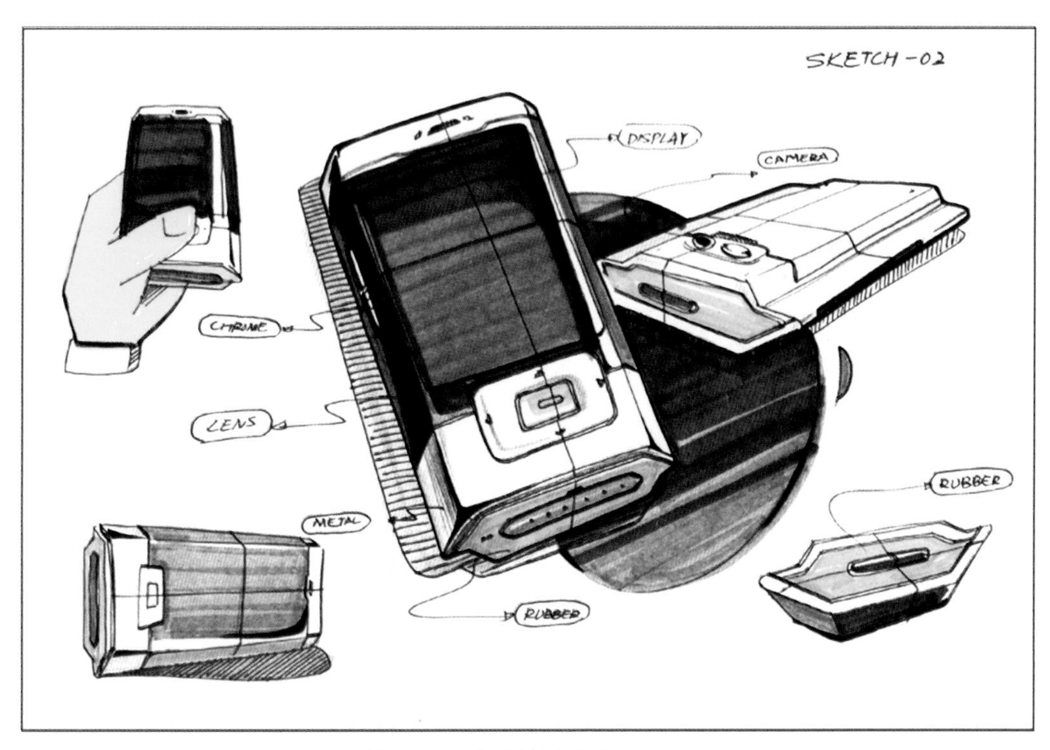

图 4.15　产品情景表现图（三）

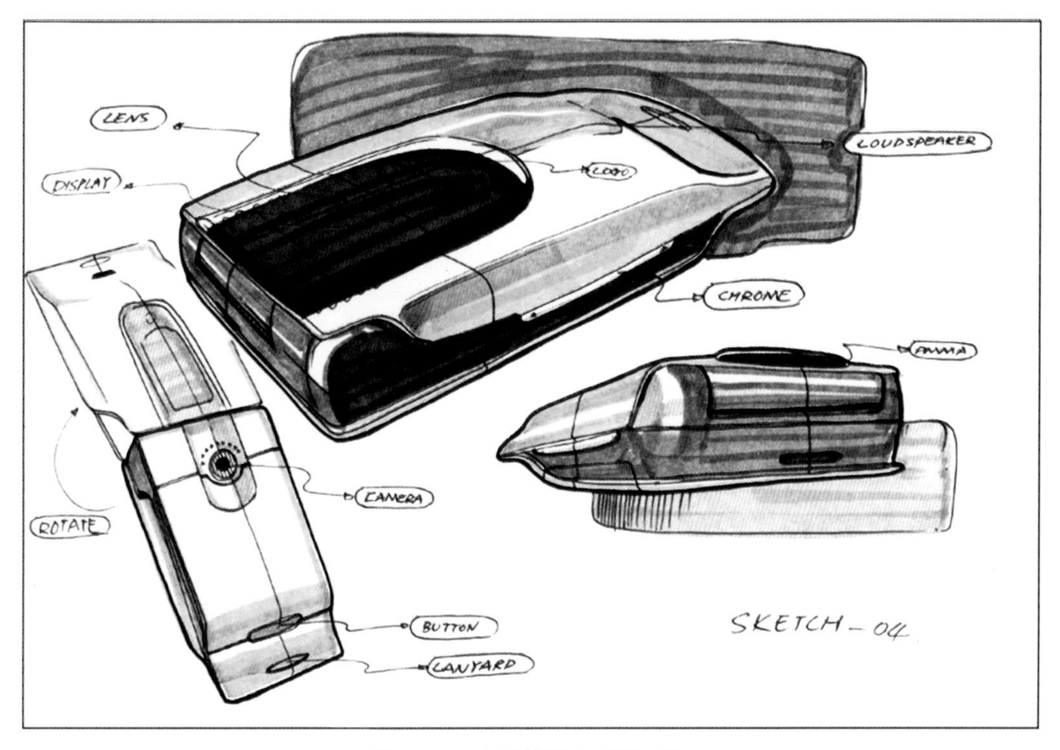

图 4.16　产品情景表现图（四）

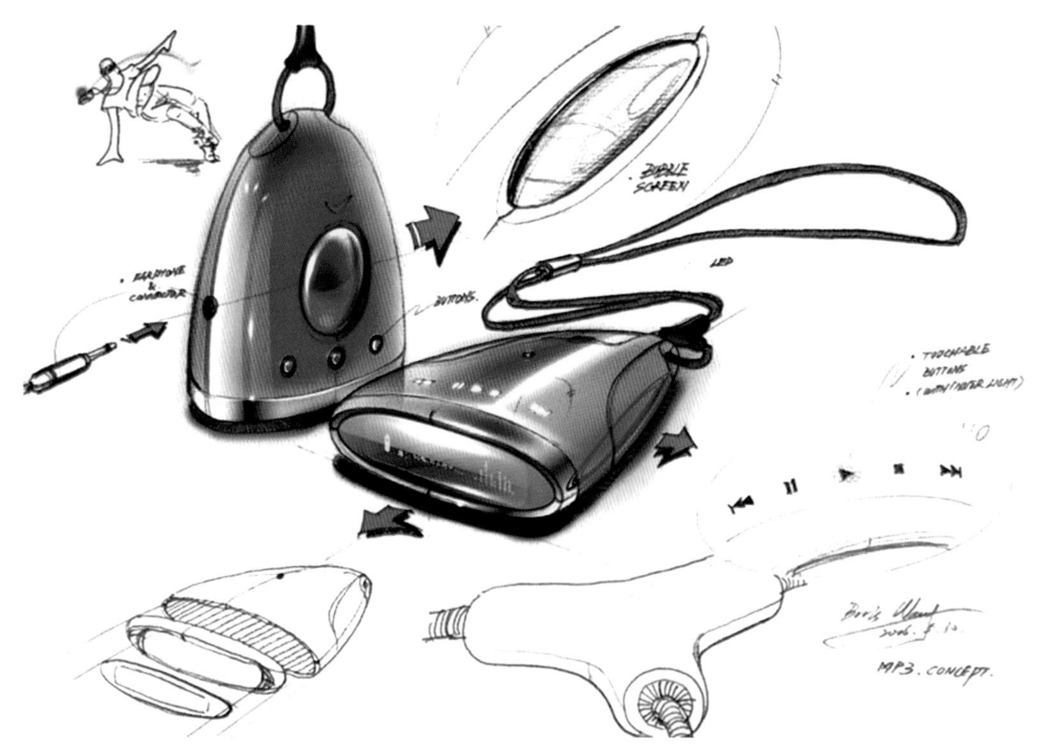

图 4.17　产品情景表现图（五）

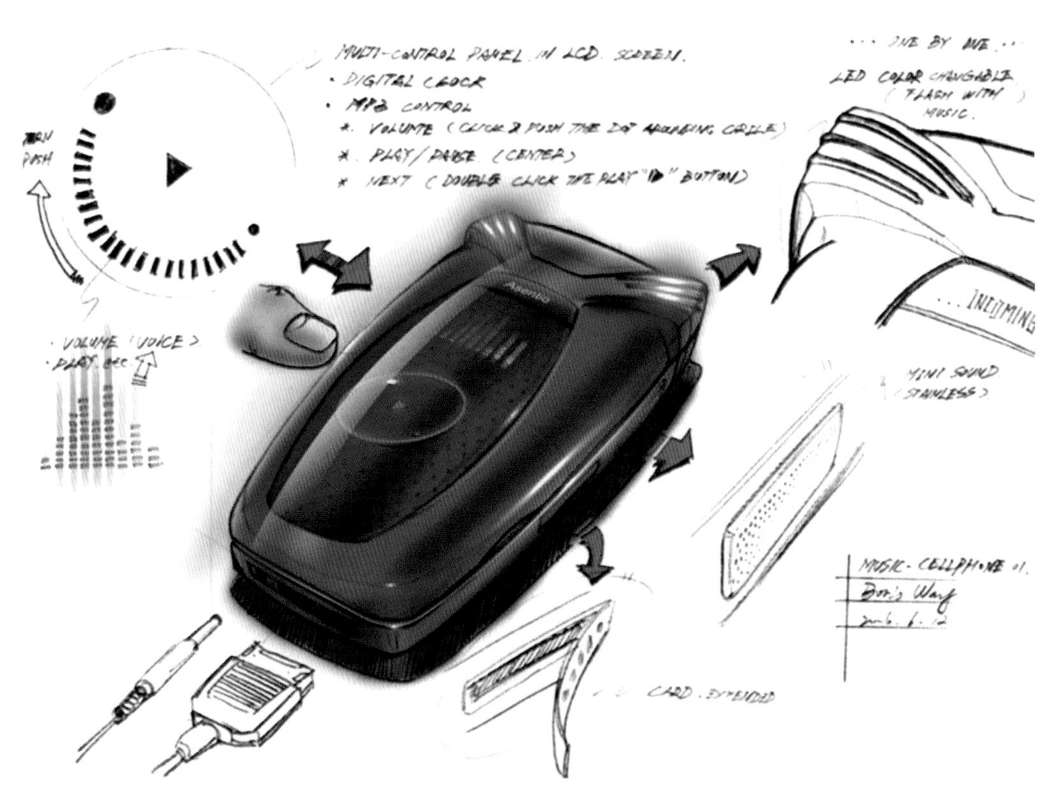

图 4.18　产品情景表现图（六）

图4.19　产品情景表现图(七)

图4.20　产品情景表现图(八)

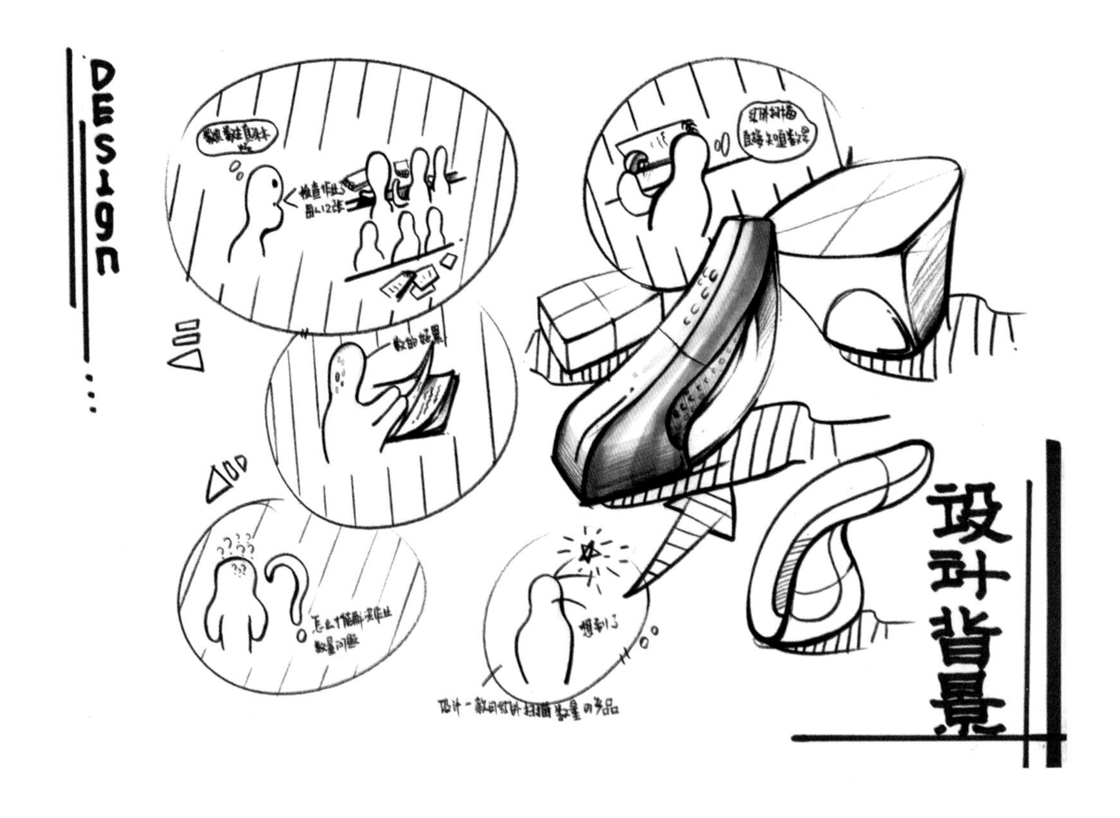

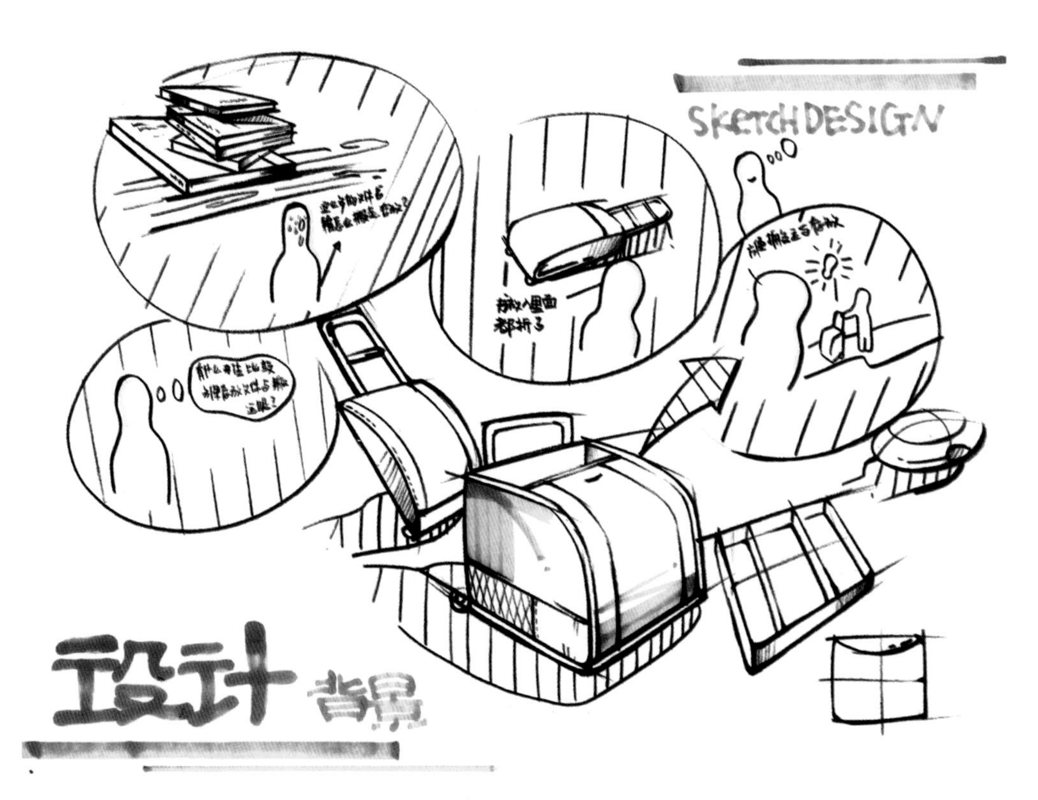

图 4.21　产品情景表现图（九）

图 4.22　彩铅绘产品情景表现图（十）

课 后 练 习

练习一：基本形态和几何形态产品的色彩表现

请按照以下步骤完成练习：

（1）用灰色度的马克笔来表现最基本的几何形态（立方体、圆球、圆柱体等）。

（2）用灰色度的马克笔来表现由几何形态提炼的产品。

（3）用色彩表现由几何形态提炼的产品或者由字母形态提炼的产品。

练习要点：

（1）用马克笔表现时，不管是灰色度表现还是色彩表现，都必须表现出产品的立体效果以及产品的明暗关系。

（2）塑造产品的形态时，要注意对产品结构的理解和刻画。

（3）色彩表现练习过程中，用色不宜过多、过杂，色彩应与产品的主题相吻合。

练习二：不同产品的材质表现练习

可选择不同类别的产品（家具、电子产品、日用品等），进行产品的材质表现练习。可在同一类型的产品中表现出不同的材质特征（例如：选择表现木质家具与皮质家具），也可在不同类型的产品中表现出相同的材质特征（例如：塑料的家具与塑料外壳的电子产品）。

练习要点：

（1）在选择产品的类型和刻画产品的形态时，不宜过于烦琐，产品的形态应该力求简单化，主要是对产品质感的表现。

（2）对于产品材质的表现不仅仅限于马克笔的表现，可以综合应用多种绘图工具。

（3）塑造产品的形态时，要注意对产品结构的理解与刻画。

练习三：产品综合情景表现训练

（1）根据收集的资料，提炼仿生形态，将具象的生物形态提炼成抽象的产品形态，用简洁的方式予以表现。

（2）用色彩、材质表现的综合手法来对其予以手绘表达。

练习要点：

（1）提炼产品形态时，要遵循简洁、抽象的原则，在保证形态相似的前提下，赋予产品合理的功能。

（2）塑造产品形态时，要注意对产品结构的理解和刻画。

（3）表现产品时，可应用色彩与材质表现相结合的手法来进行综合性的表现。

第五章

手绘表达与产品设计流程

课前训练

产品的综合表达。

目的与要求

通过学习本章内容，了解产品设计的基本流程以及手绘在设计流程中所起的作用。

本章要点

产品设计的基本流程。

本章引言

手绘表达的最终目的是清晰地阐述设计师的想法与设计思路，所以了解手绘表达在产品设计流程中的作用显得尤为重要。本章主要介绍产品设计开发的相关流程以及相关的概念设计案例。

第一节 产品设计的过程理论概述

产品设计的设计对象范围较广，凡是大批量生产的工业产品，其开发都可能需要引入产品设计。以与我们日常生活中关系密切的产品手机为例，手机的开发设计需要工业设计师、电路设计师、软件设计师、制造工程师、市场人员等多部门的专业人员共同完成，涉及机械制造、艺术学、计算机科学、材料学、人机工程学、市场营销学、心理学等多个学科领域。可见，产品设计活动是一项较为复杂的系统工程。

一个产品开发项目，需要很多专业人员的共同协作，涉及的学科和领域非常广泛，因此，有必要科学地推进工业产品开发设计的过程。科学合理的设计程序是产品设计开发质量的有力保证。信息时代已经来临，随着人类科学技术水平的不断提高，很多新开发的产品的技术功能和制造复杂程度也不断增加，对已有产品的革新和完善也从未停止，这些变化对产品设计活动也提出了更高的要求，尤其对于复杂产品的开发设计而言。

产品设计是一个从设计调研到设计展开，直到设计目标实现的复杂过程，在此过程之中，如果不按照有效的科学设计程序，易于被设计过程中各种复杂因素影响而产生不合预期的设计结果。

一 设计阶段与设计程序

1. 设计阶段

从前面所述产品设计的过程及理论可知，产品开发设计需要采用一套严谨科学的设计程序，按照预先制定的时间进度、设计方法、设计目标等开展设计活动，以确保新产品开发获得成功。

台湾浩汉产品设计股份有限公司总经理陈文龙先生，将新产品的开发设计流程总结为三个阶段：问题概念化、概念视觉化、设计商品化。这是对过程复杂、工作繁多的工业设计程序的精辟总结（图 5.1）。

第一，问题概念化阶段。在明确了设计任务后，需要通过资料搜集和市场调查等

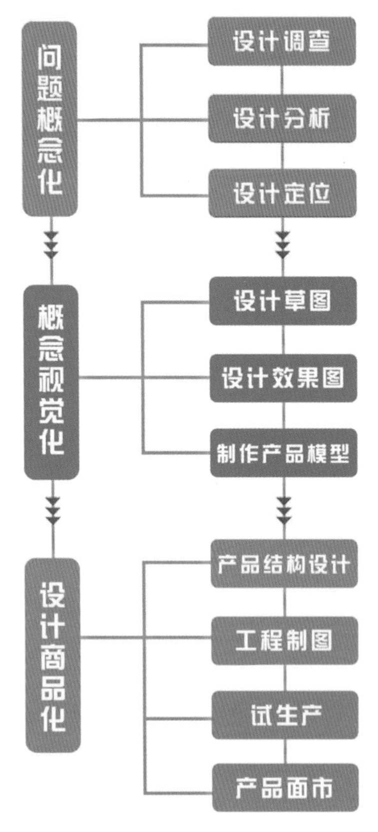

图 5.1　设计的基本流程

多方面的渠道，针对所开发的产品进行全方位的调研，以期发现设计任务的问题切入点，即通过细致的调查研究，发现所存在的问题。然后，用文字的形式将问题定义清楚，这个步骤，也可以表述成设计定位。文字的主要内容应该包括市场定位、目标客户、商品的诉求、产品的性能特色、产品售价等多方面的内容，力求通过详细的文字表述将存在的问题定义清楚，为后续的设计工作提供目标和参照，从而使下一阶段的工作有的放矢。

通过此阶段的工作，应该完成并获得相应的文字成果，比如市场调查报告、产品相关技术发展趋势、产品竞争分析、流行趋势分析、产品设计纲要等。问题概念化阶段的工作，参与人员可以包括设计师、市场调查人员、销售人员等。

第二，概念视觉化阶段。有了明确的设计目标，通过工业设计师的工作，在此阶段将文字定义的设计问题用可视化的方式表达出来。可视化设计的表达方法可以是二维的设计草图、设计预想图、设计效果图，也可以是三维的设计模型，甚至采用可视的、整合了声音和图像的二维或三维动画的方式。在获得多个对设计问题的视觉化解决方案后，开展设计评价和设计决策会议，通过科学合理的决策方法选定最优的视觉化解决方案。

概念视觉化阶段是工业设计师最主要的核心工作，通过工业设计师的创造性工作，将设计问题从抽象的文字转变为直观的、可视的问题解决方案，此阶段获得的相应成果主要是设计预想图、设计效果图、产品模型等。此阶段设计成果的质量，与工业设计师的素质密切相关。

第三，设计商品化阶段。确定了最优的设计方案，应尽快将设计成果转化为商品，使设计成果在短时间内投放市场，获得利润。在很多情况下，还需要进行产品样机的制造，通过制造样机，检验结构设计、模具设计的可行性，为最终的大批量生产做好铺垫。视觉化的设计成果，并不能直接用于大批量的生产，需要进行产品结构设计、设计制图、生产模具等多方面的准备。通常，在产品制造开发的同时，前期的市场推广工作也已经启动，直至产品最终投放市场。

设计商品化阶段需要制造工程师、工业设计师、市场营销人员共同协作。设计商品化阶段，制造工程师承担了较多的工作，但工业设计师需要对制造过程全程跟踪，控制及确保最后的产品与设计目标相一致。对工业设计师而言，这个阶段是至关重要的，设计创意最终转化为市场上销售的产品，才能最终获得市场和消费者的检验，才能称其为好的设计（图 5.2）。

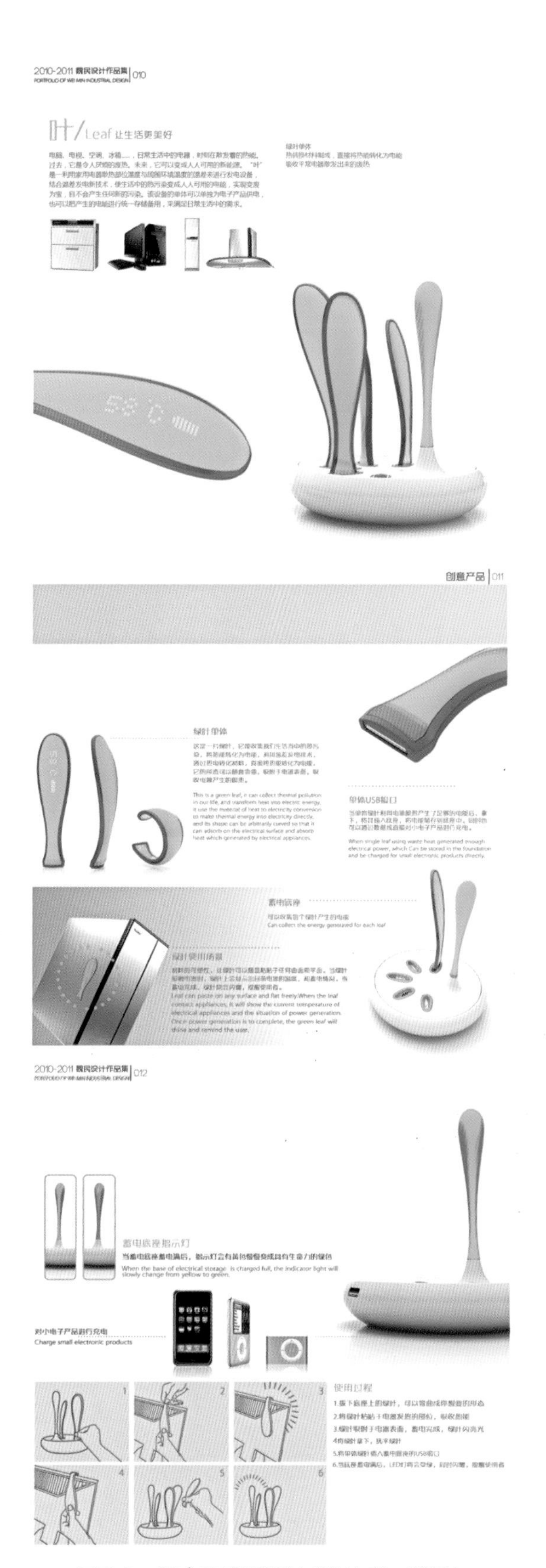
图5.2　概念充电器设计（设计者：魏民）

2. 设计程序

产品设计开发是一个多部门协作的、综合的、复杂的过程，必须有一个科学合理的程序，才能使设计工作的各个阶段有条不紊地进行。设计程序是一个设计项目从开始到结束的全过程中所包含的各阶段工作及步骤。将前面所讲述的三个设计阶段细化分解，可以得出一般产品的设计程序，包括接受设计委托、制订设计计划、设计调查、设计定位、设计草图、设计效果图、色彩设计、人机工程学分析、模型制作、设计决策、工程制图、生产制造、市场营销、投放市场等多个步骤（后面几个步骤不详述）。

1）接受设计委托

在接受设计任务时，必须与设计委托方进行充分的沟通，仔细了解所需要设计的内容及设计委托方的诉求。主要应该了解以下一些方面的内容，如设计委托方的技术实力、设计委托方对设计开发的要求、设计合同的签署等。而且，在面对对产品设计的了解程度不同的委托方，需要做的工作也会有所不同。对产品设计及其程序不甚了解的委托方，需要进行引导，增进了解，使其配合设计工作；对产品设计及其程序了解较多的委托方，则可以将更多的精力放在对设计项目诉求的理解和沟通上。

2）制订设计计划

设计计划的制订应该明确的几项主要内容是：明确需要进行的工作内容，明确每项工作内容的负责人，初步明确每项工作完成的最后时限。当设计计划制订好之后，应该将设计计划做成设计计划表，分发给设计单位及设计委托方，双方共同执行该计划，并且在发现问题时，及时对计划进行修订。

3）设计调查

设计调查是为设计服务的针对某项产品的开发所进行的资料收集和分析工作。解决问题的第一步，必须是发现问题。没有经过有效的市场调查阶段，就难以发现设计所要解决的问题和设计的切入点，所有的后续工作就难以做到有的放矢。设计调查涉及的内容十分广泛，设计调查也是一项较为繁杂的工程。在设计调查之初，就应该明确所要调查的内容，通常应包括产品市场份额、产品主要品牌分析、相关技术及专利、已有产品或同类产品的价格、对消费者或潜在消费群体的调查等。明确了调查的内容，还应采用合理的调查方法，科学的采集调查样本和调查对象，以期获得最可靠的调查结果。

当然，设计调查的过程因受到样本数量、调查方法、资料来源等多种因素的影响，调查结果可能会有所偏差，但调查过程中应始终坚持客观、准确的调查原则。

4）设计定位

对设计调查所得资料进行了汇总分析，从中发现问题。可采用 5W2H 法来进行设计定位。明确设计项目最终需要达到的目标，即明确产品使用的时间、场合、地点，以何种方式满足什么样的服务对象，以及使用上述方式的原因。

5）设计草图

设计草图是设计师将设计构思和设计结果通过快速的表现技法展示出来的创造性过程。优秀的设计师都具有较强的草图表达能力，他们通过草图来捕捉稍纵即逝的灵感，将抽象的思维过程和设计成果以形象的二维图形记录下来。此过程的主要活动是设计构思。大量的设计草图记录了多个设计构思，设计草图的数量多多益善，只有充分展开设计构思，提出多个方向的问题解决方式，才可能在“量”的积累下产生“质”的解决问题的最优方案（图 5.3）。

6）设计效果图

设计效果图，是一种以较快的速度、尽量接近最终真实产品效果的表现方式，是对

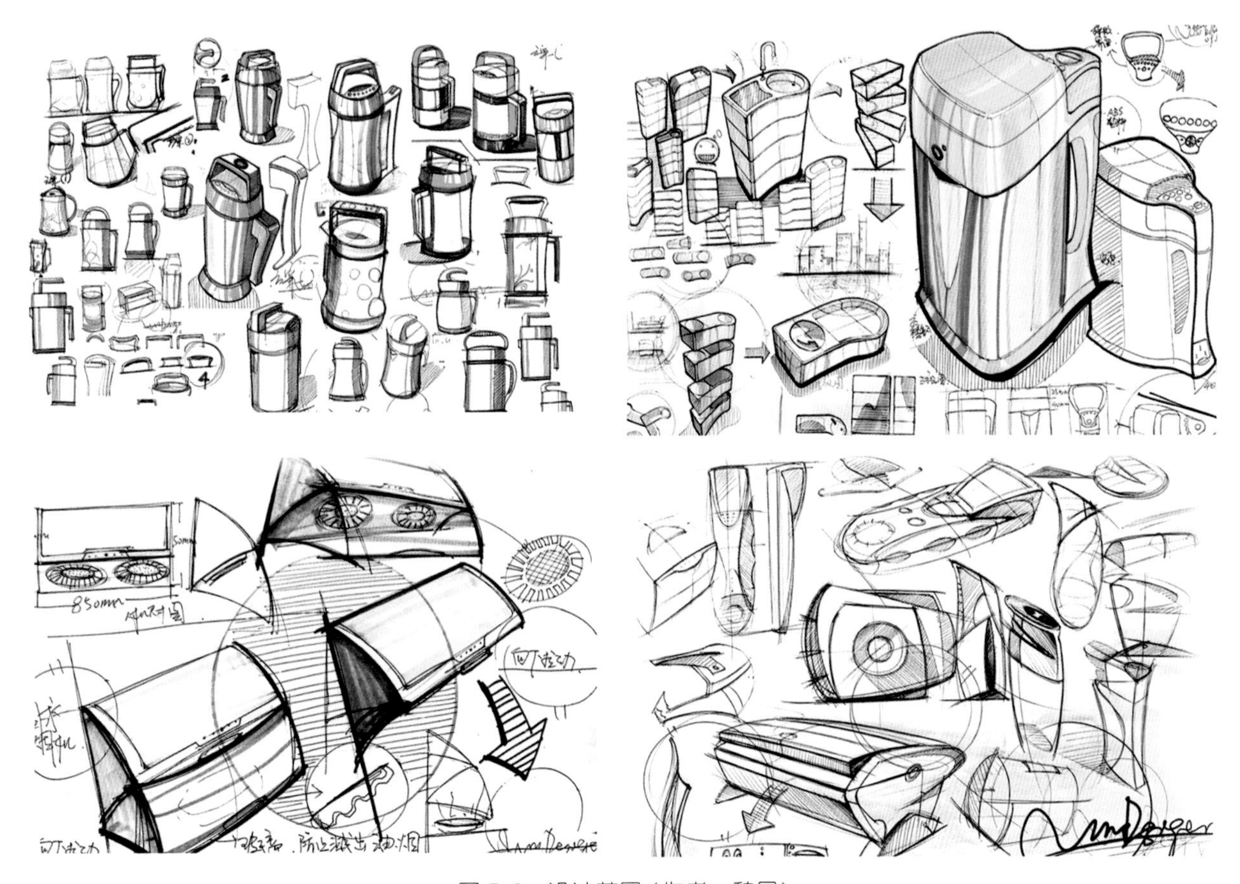

图 5.3　设计草图（作者：魏民）

最后设计方案的忠实展示。设计效果图的目的主要是用于进行设计交流、方案评估与决策，甚至用于新产品的市场宣传、介绍及推广。设计效果图要求对产品的形态、色彩、质感等都有较为细致的表现。

第二节　案 例 分 析

这一阶段的设计流程是根据社会热点问题与词汇，寻找、提炼设计问题，从而以创新性的概念产品为载体创造性地解决问题。

案例 1

此案例的设计过程如图 5.4 至图 5.14 所示。

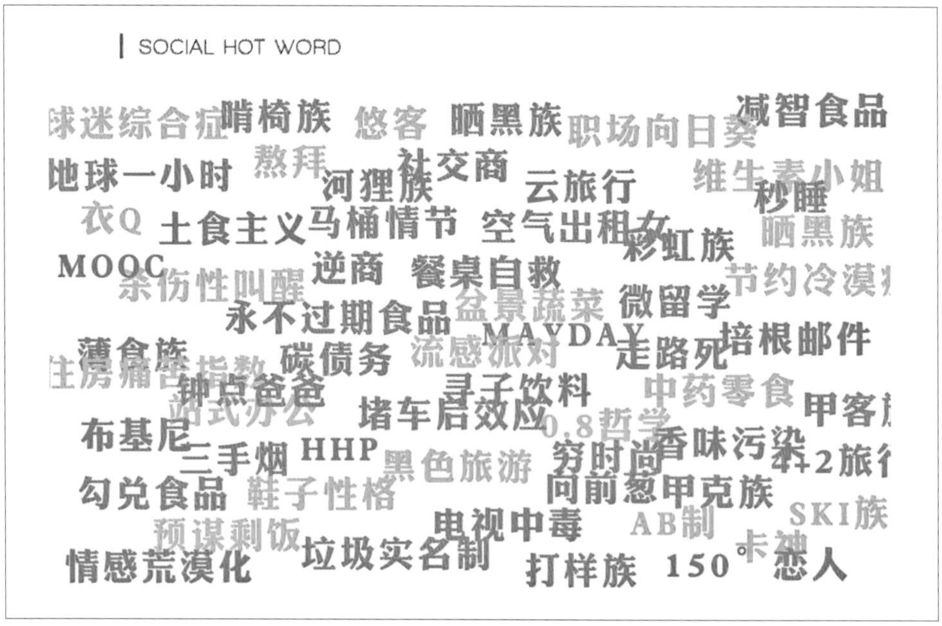

SOCIAL HOT WORD

球迷综合症 啃椅族 悠客 晒黑族 职场向日葵 减智食品
地球一小时 熬拜 社交商 河狸族 云旅行 维生素小姐 秒睡
衣Q 土食主义 马桶情节 空气出租女 彩虹族 晒黑族
MOOC 杀伤性叫醒 逆商 餐桌自救 节约冷漠
永不过期食品 盆景蔬菜 微留学
薄食族 MAYDAY 走路死 培根邮件
住房痛苦指数 碳债务 流感派对
钟点爸爸 寻子饮料 中药零食
站式办公 堵车启效应 0.8哲学 甲客
布基尼 三手烟 HHP 黑色旅游 穷时尚 香味污染 4+2旅行
勾兑食品 鞋子性格 向前怒甲克族
预谋剩饭 电视中毒 AB制 SKI族 卡神
情感荒漠化 垃圾实名制 打样族 150°恋人

图 5.4　设计热点问题词汇

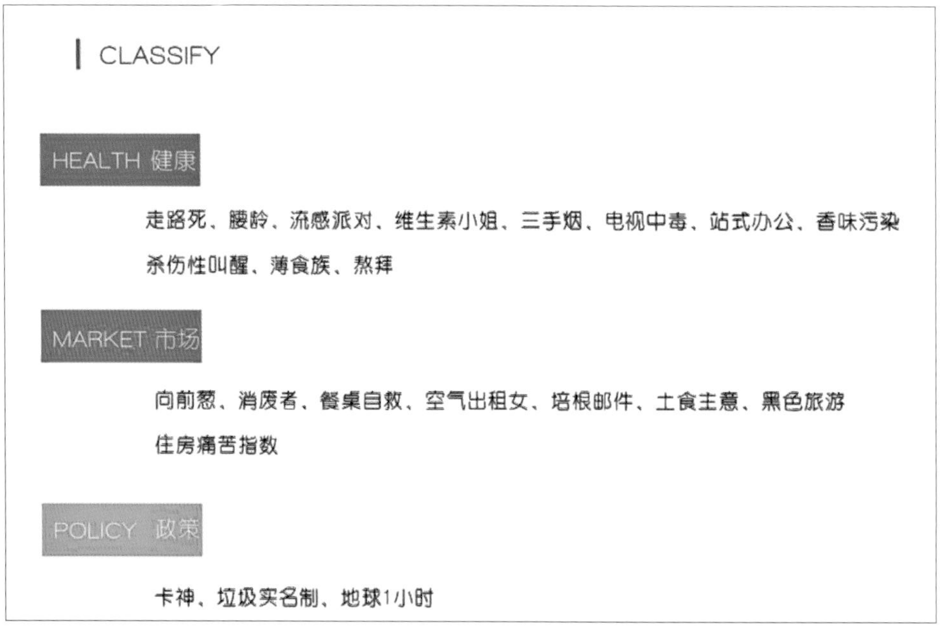

CLASSIFY

HEALTH 健康

走路死、腰龄、流感派对、维生素小姐、三手烟、电视中毒、站式办公、香味污染
杀伤性叫醒、薄食族、熬拜

MARKET 市场

向前怒、消废者、餐桌自救、空气出租女、培根邮件、土食主意、黑色旅游
住房痛苦指数

POLICY 政策

卡神、垃圾实名制、地球1小时

图 5.5　提炼出大概的设计方向

SKETCH

图 5.6　草图方案（一）

SKETCH

图 5.7　草图方案（二）

SKETCH

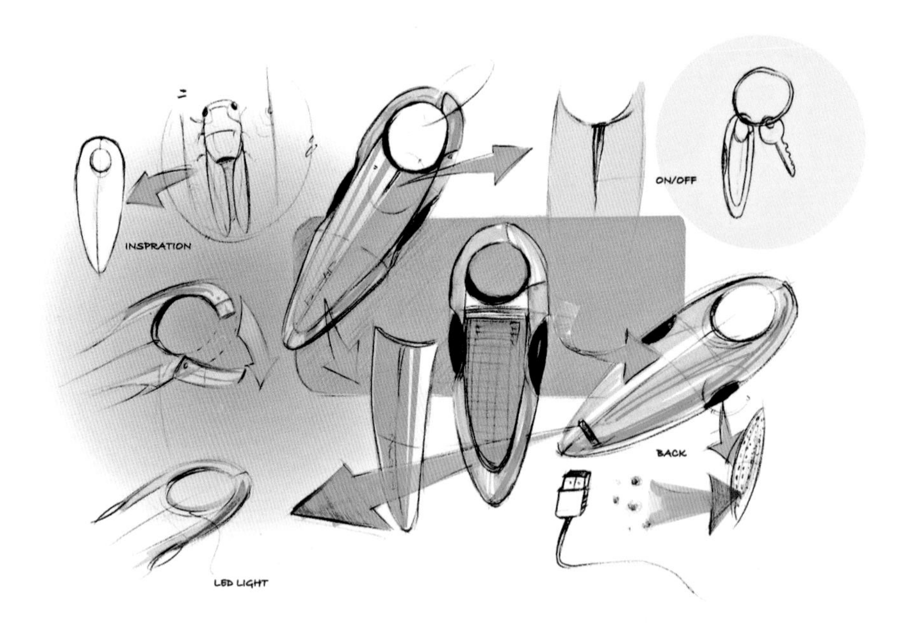

图 5.8　草图方案（三）

FINAL CONCEPT

图 5.9　设计效果图

MODELLING SOURCE

灵感来源：

箭头指向性的开口
指导使用者向下

图 5.10 设计方案细节说明（一）

HOW IT USE

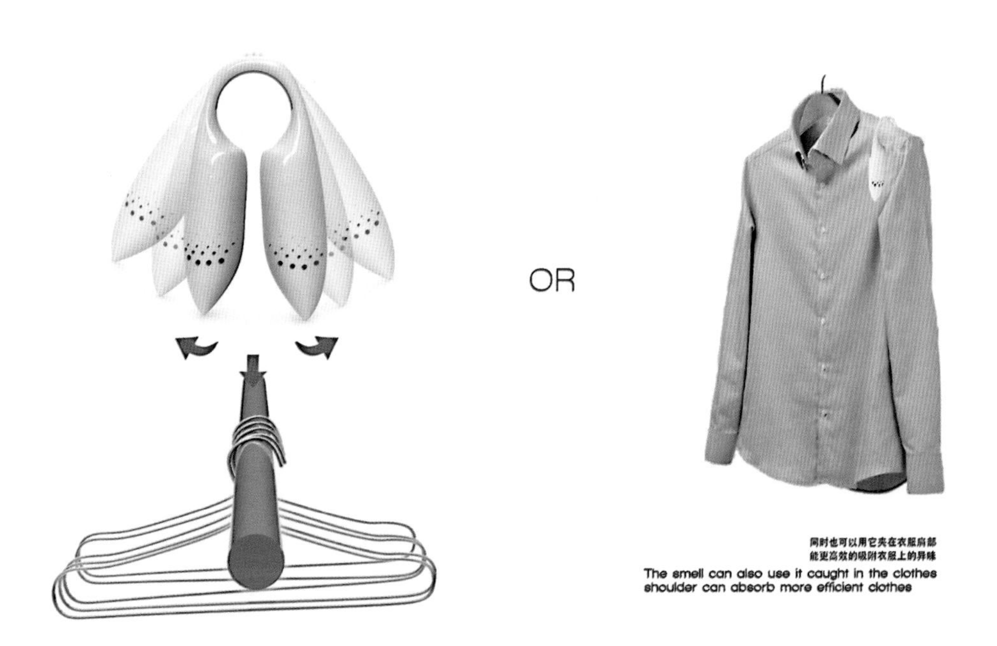

图 5.11 设计方案细节说明（二）

STRUCTURE

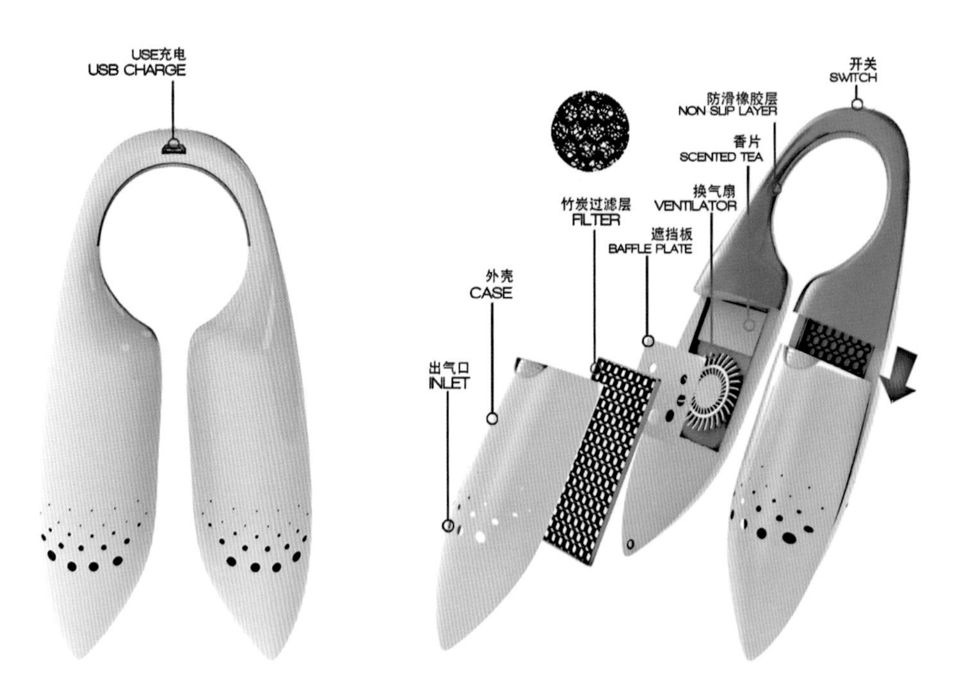

图5.12 产品结构示意图

图5.13 设计综合展版（一）

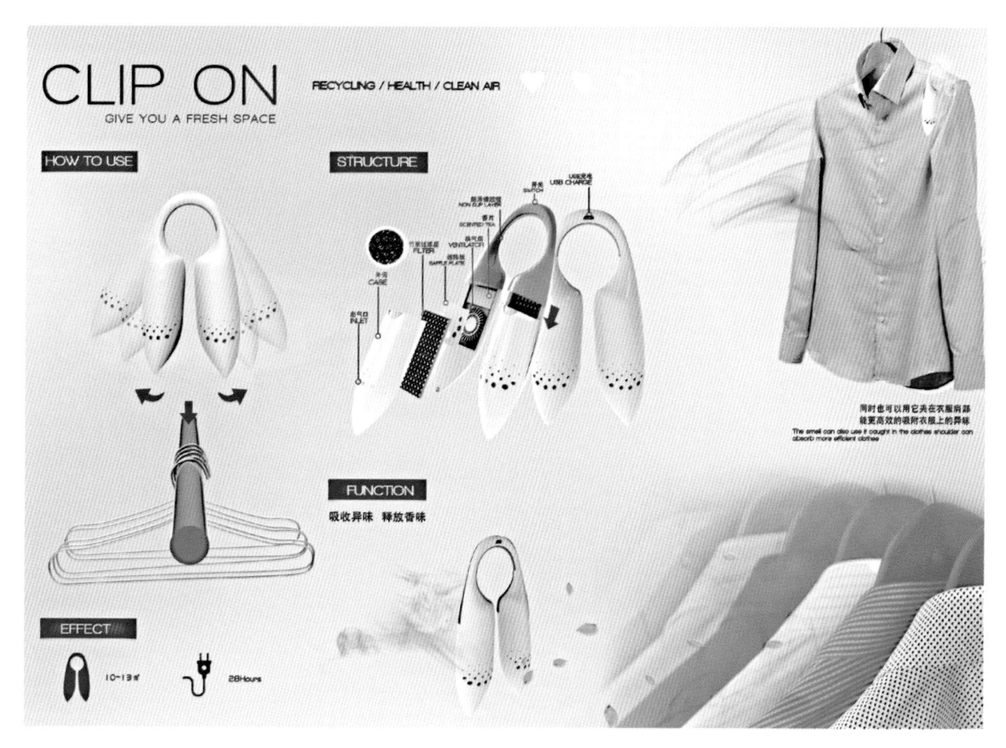

图 5.14　设计综合展版（二）（设计者：蔡巍）

案例 2

此案例的设计过程如图 5.15 至图 5.29 所示。

图 5.15　设计热点现象的情景还原

图 5.16　设计点提炼

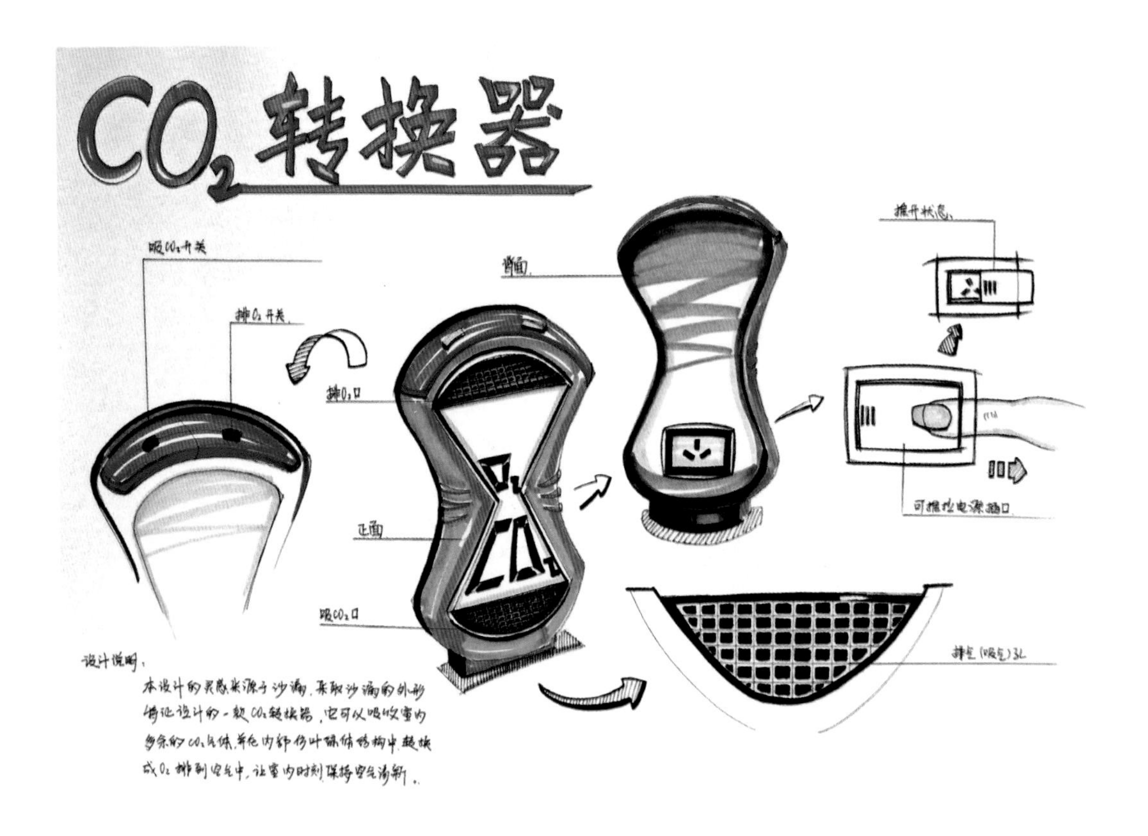

图 5.17　草图方案（一）

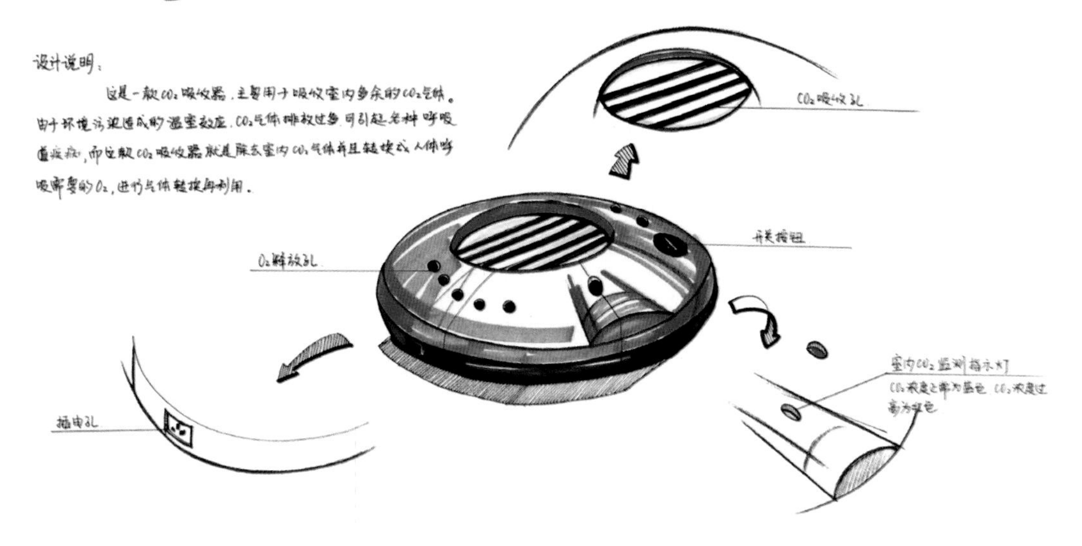

图 5.18　草图方案（二）

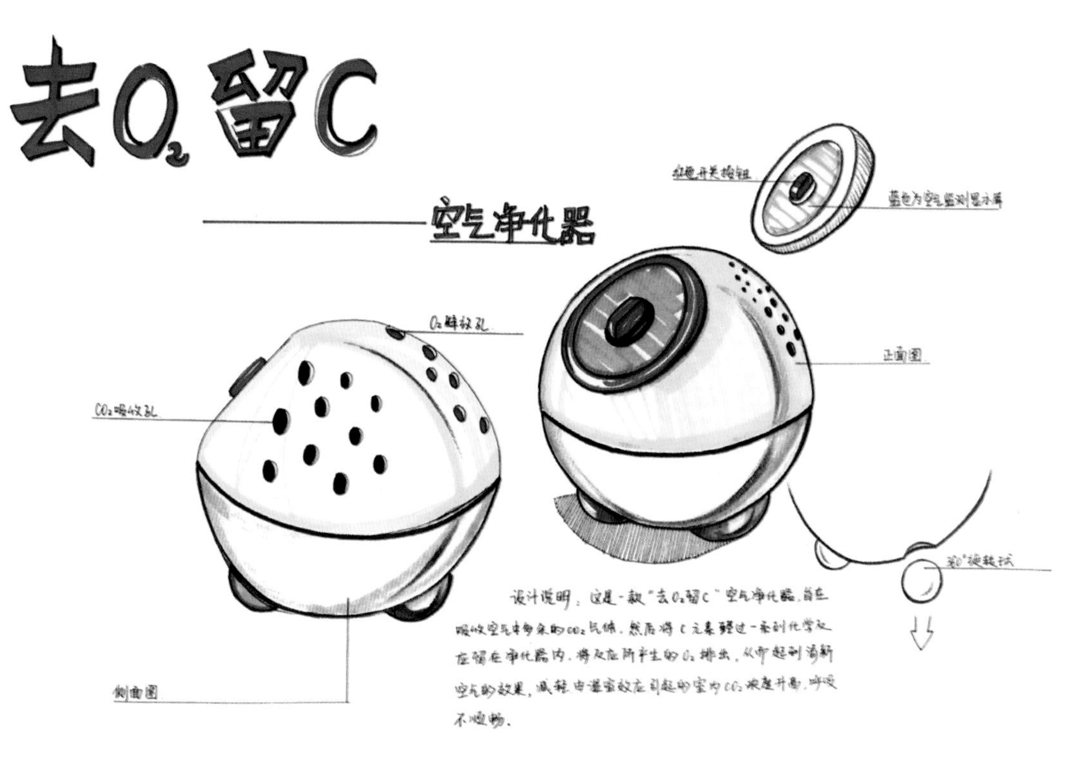

图 5.19　草图方案（三）

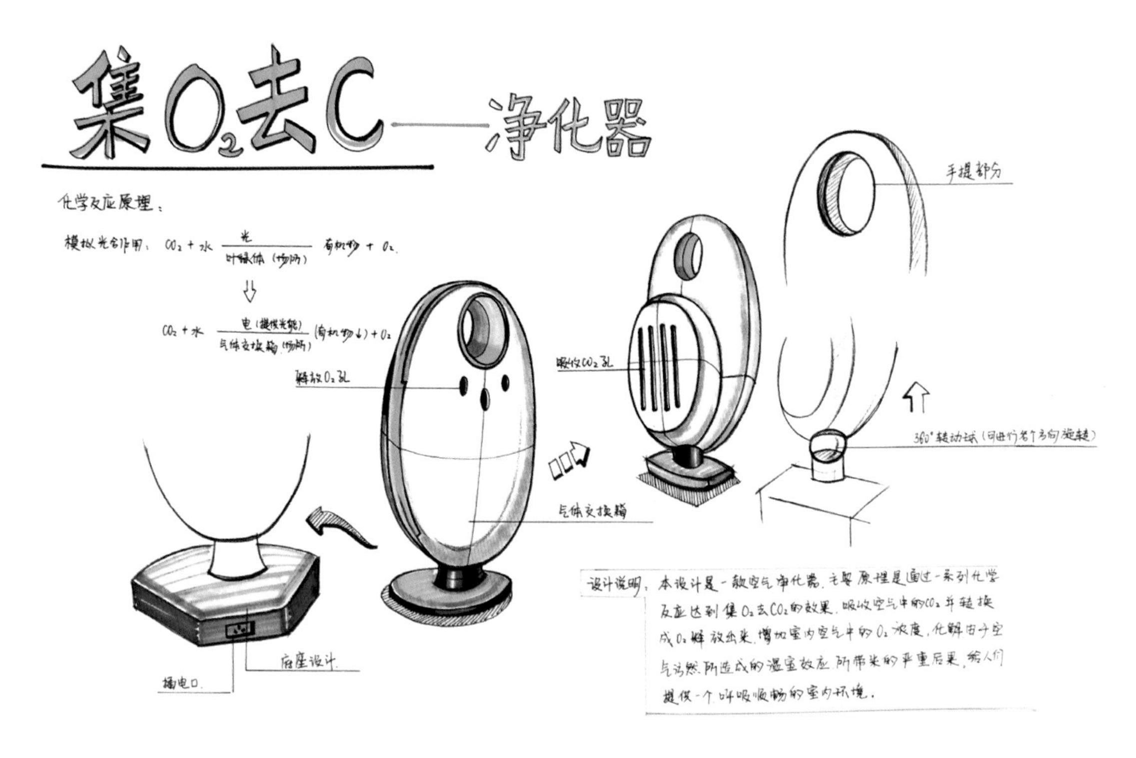

图 5.20　草图方案（四）

图 5.21　草图方案（五）

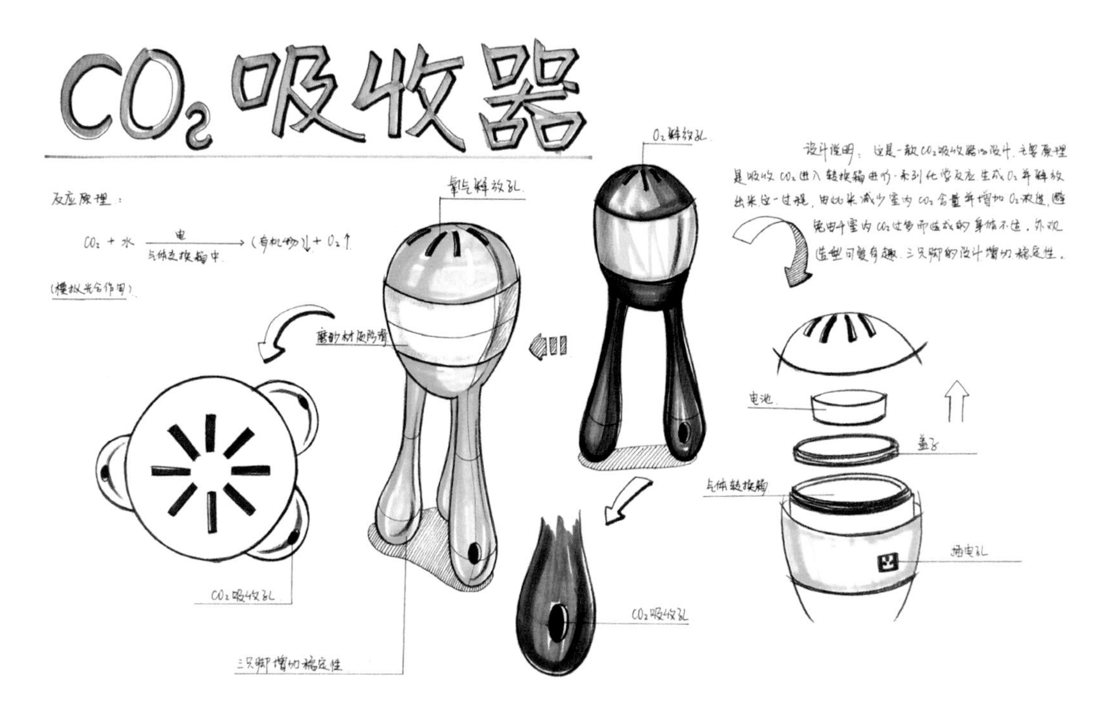

图 5.22　草图方案（六）

图 5.23　草图方案（七）

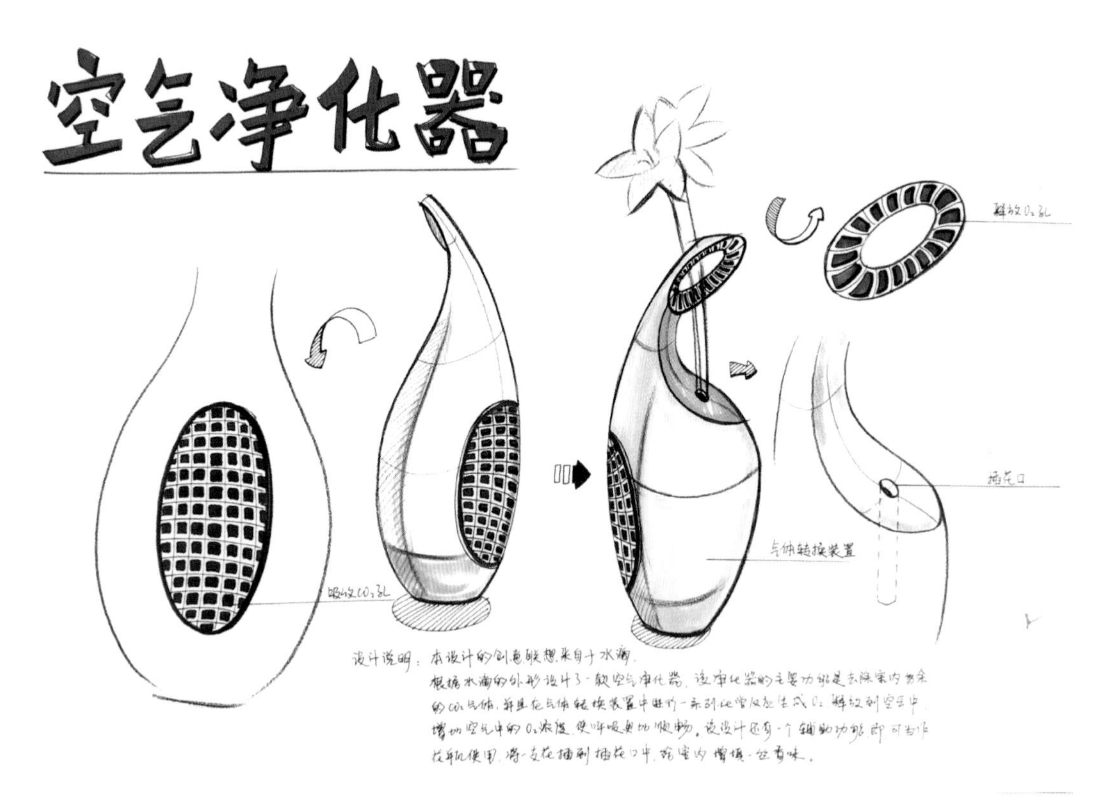

图 5.24　草图方案（八）

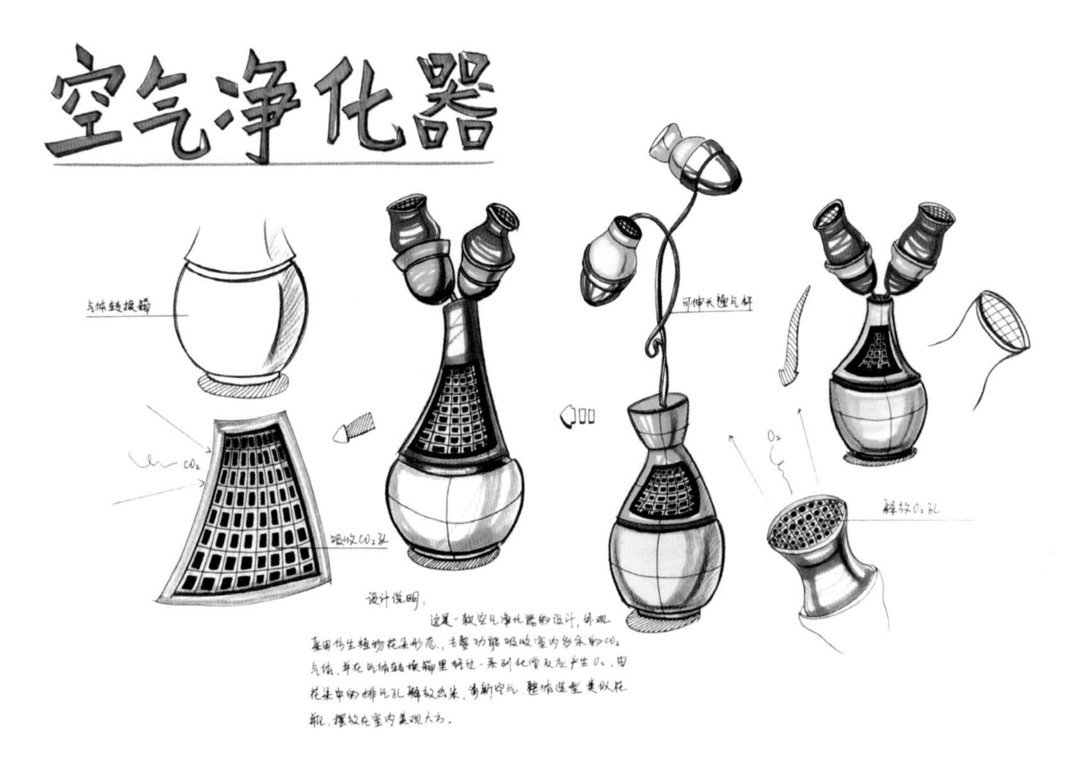

图 5.25　草图方案（九）

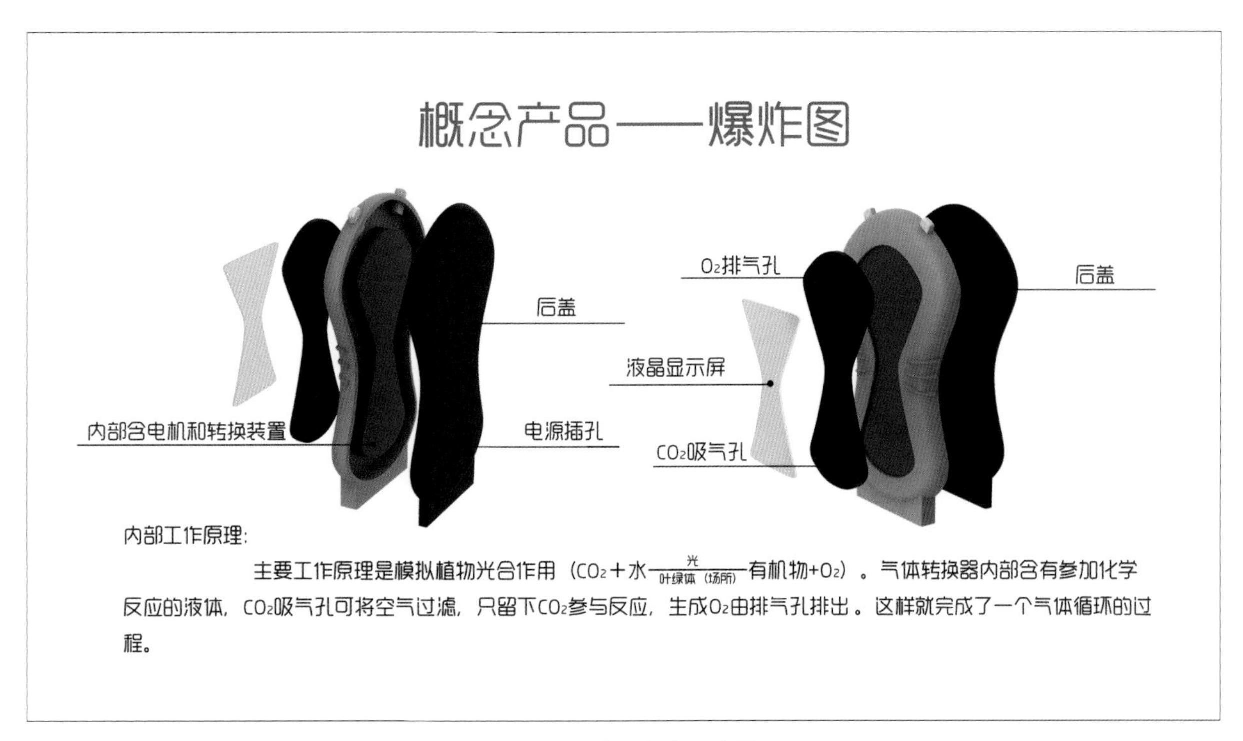

图 5.26　产品概念示意图

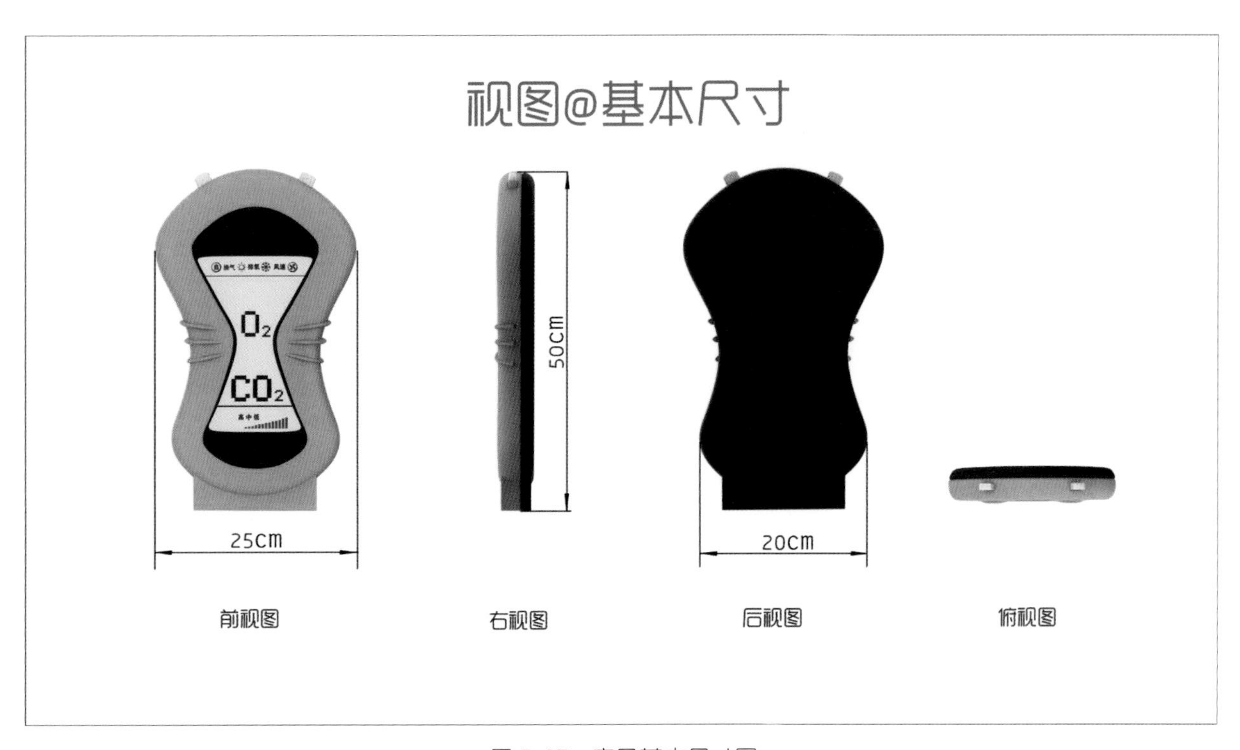

图 5.27　产品基本尺寸图

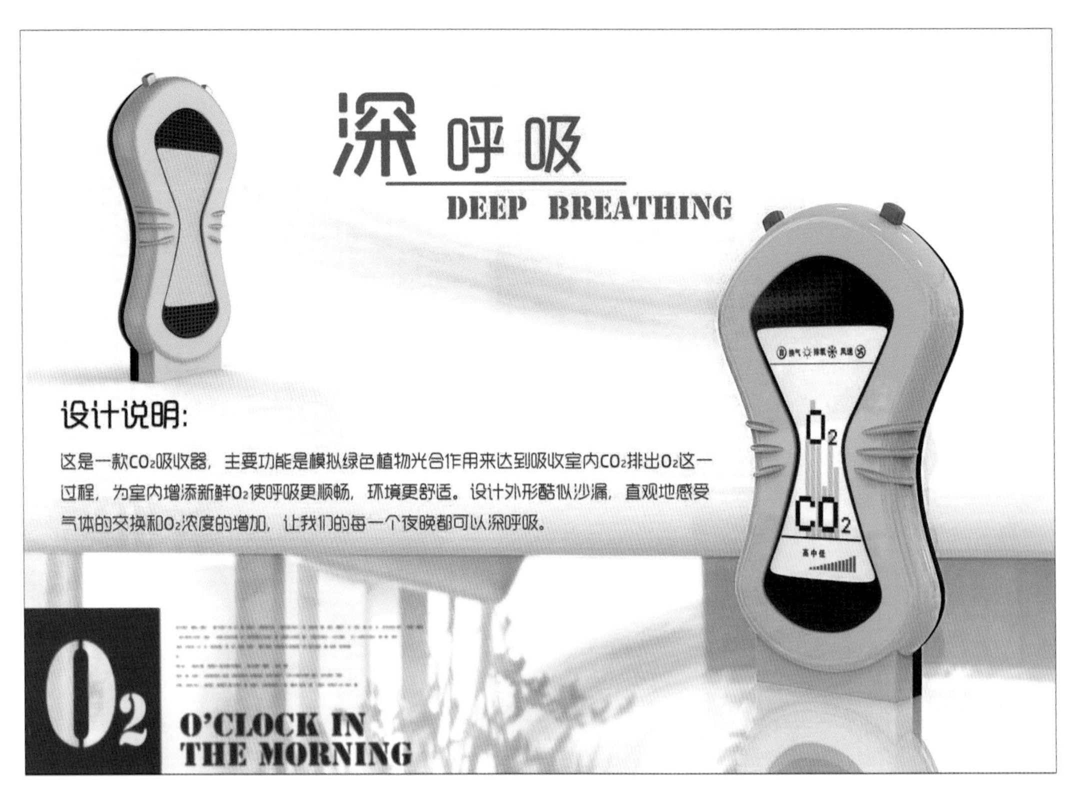

图 5.28 设计综合展版（一）

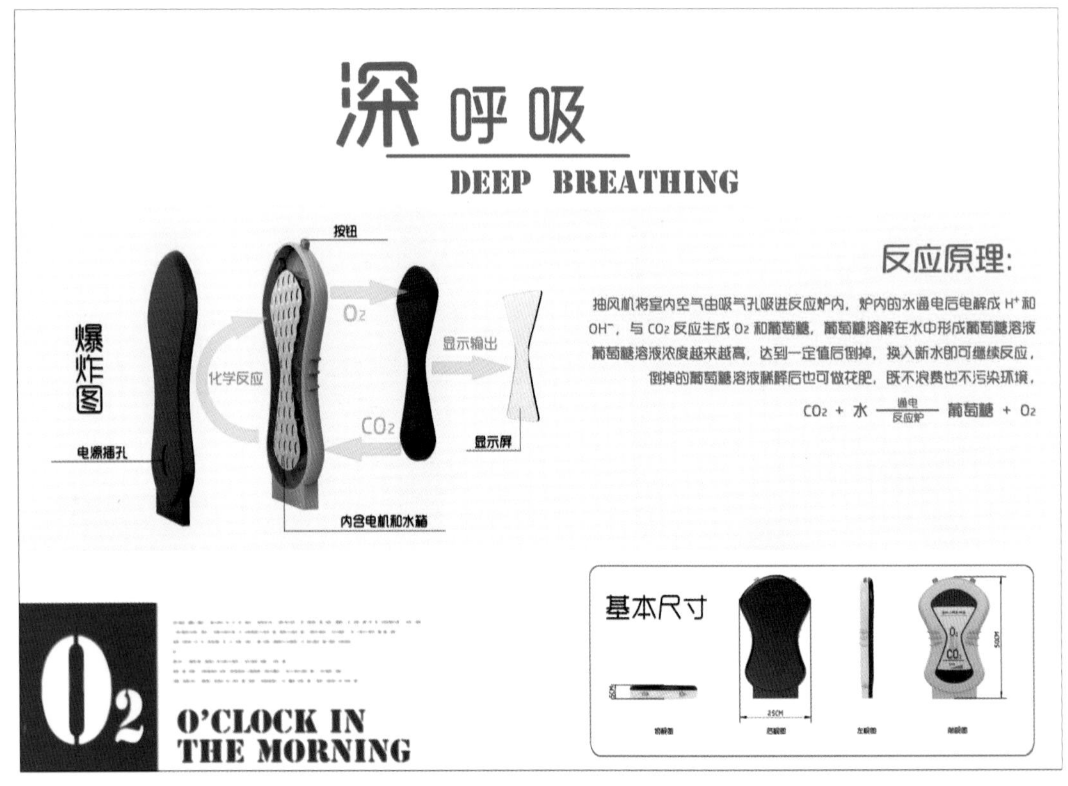

图 5.29 设计综合展版（二）（设计者：马文静）

附件

作品欣赏

一、快速表现作品欣赏

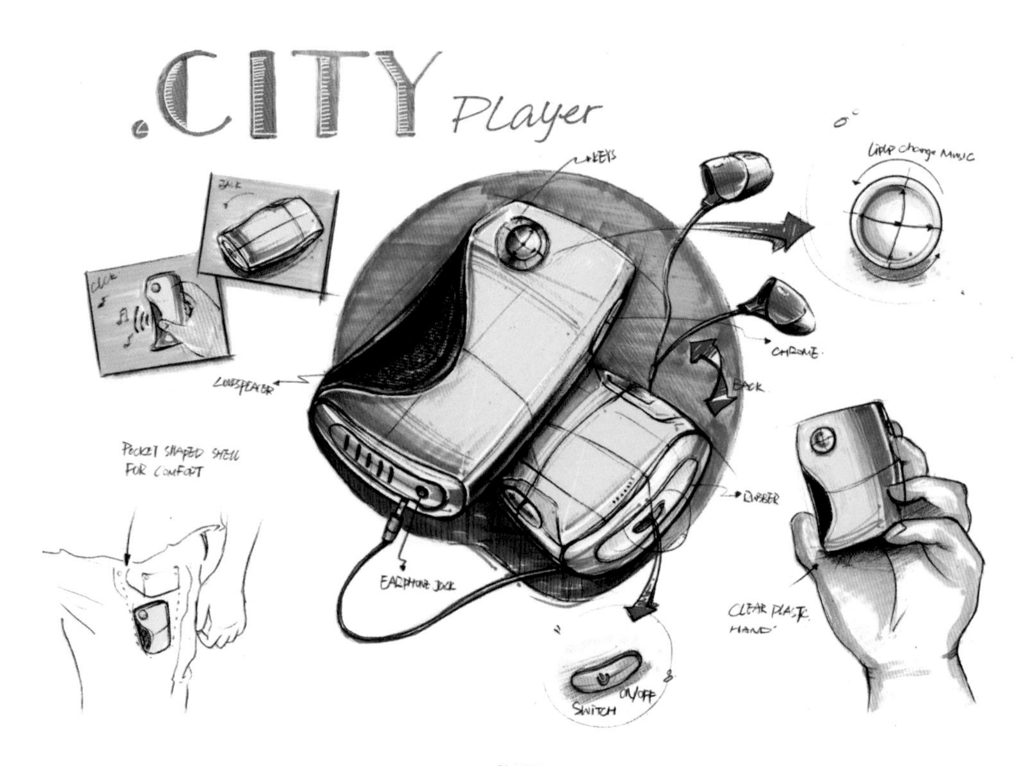

附图 1

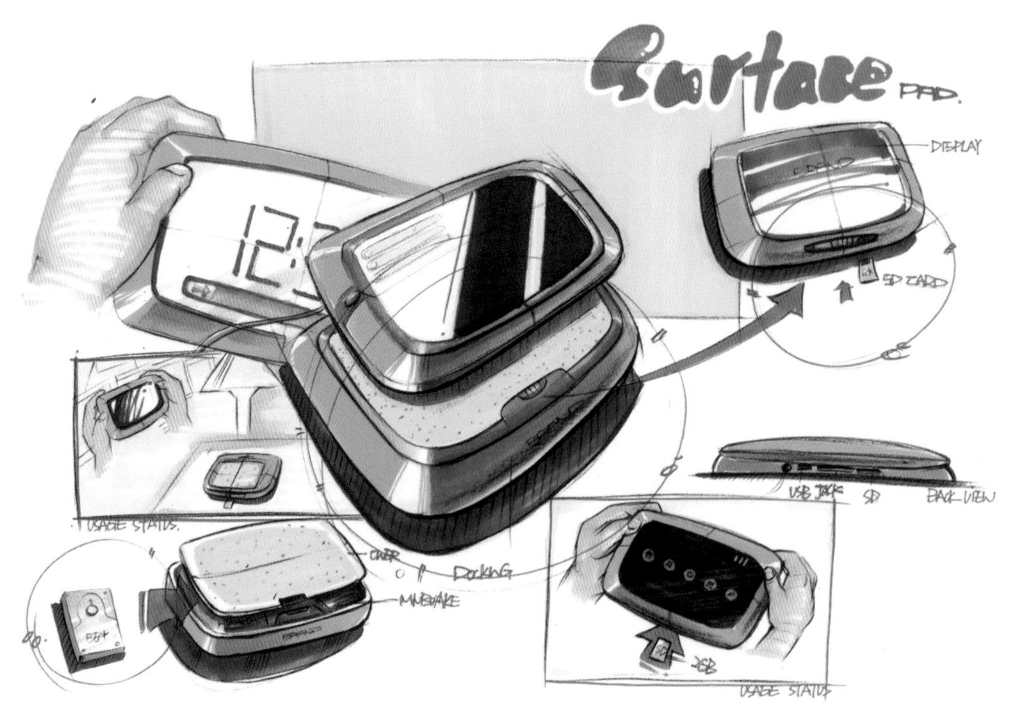

附图 2

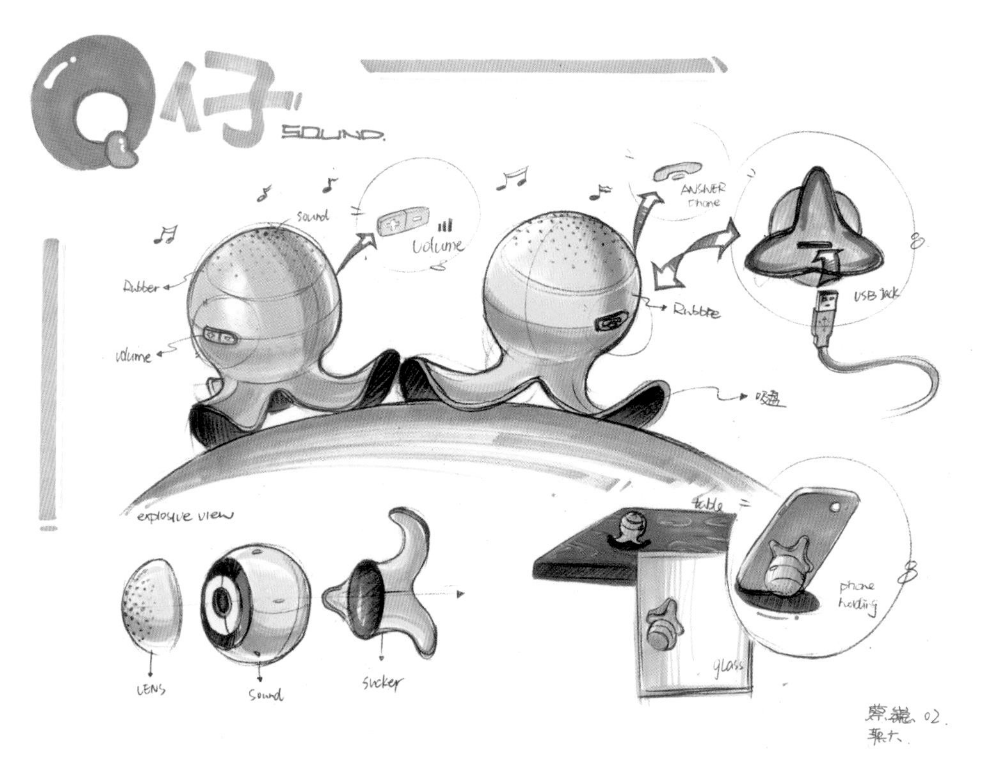
Q仔
SOUND.
Sound
Volume
ANSWER Phone
Rubber
Volume
Rubbre
USB接口
吸盘
explosive view
LENS
Sound
Sucker
phone holding
glass

附图3

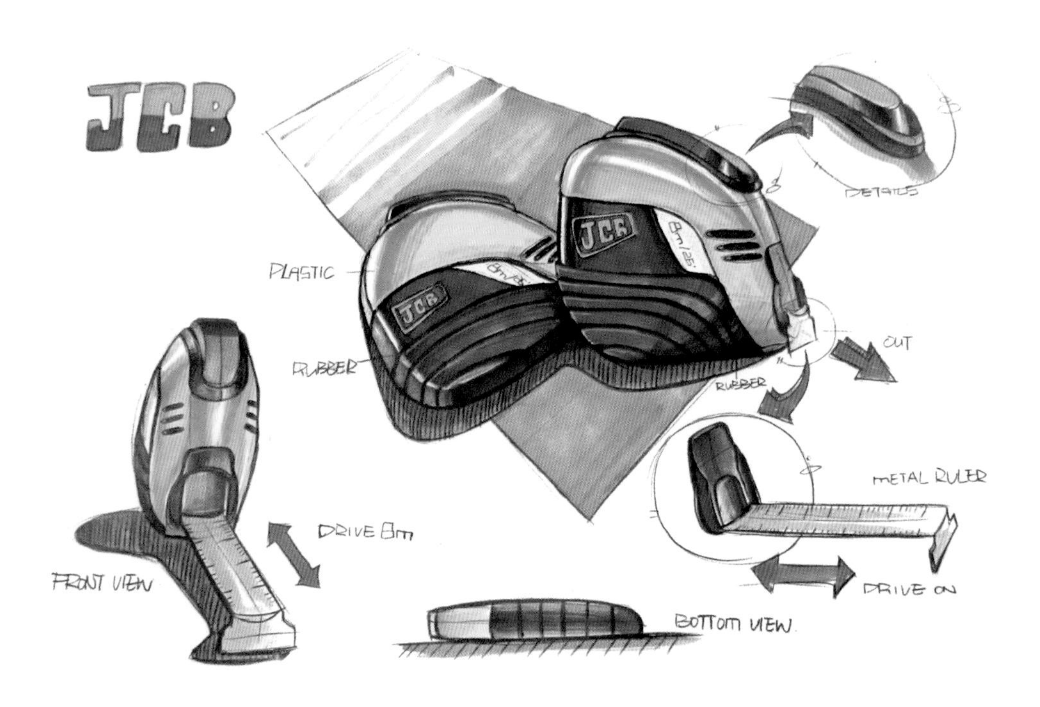
JCB
DETAILS
PLASTIC
RUBBER
OUT
RUBBER
METAL RULER
DRIVE 8m
FRONT VIEW
DRIVE ON
BOTTOM VIEW

附图4

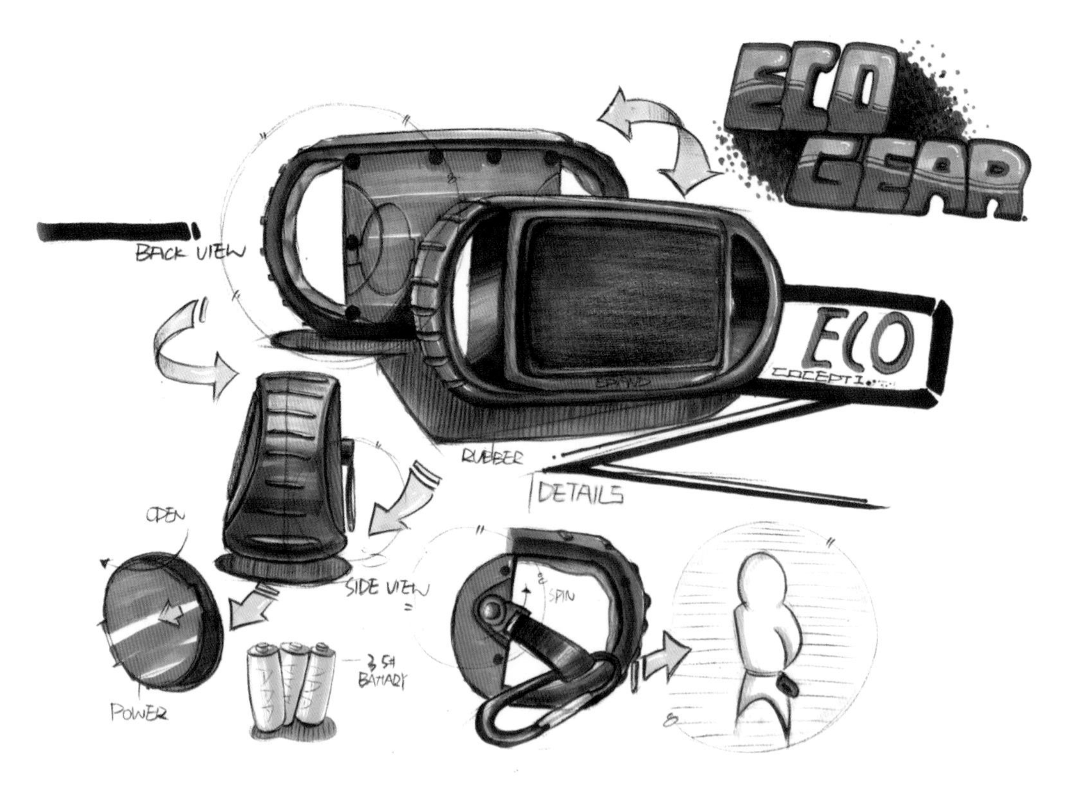
ECO
GEAR
BACK VIEW
ECO
RUBBER
DETAILS
OPEN
SIDE VIEW
SPIN
POWER

附图 5

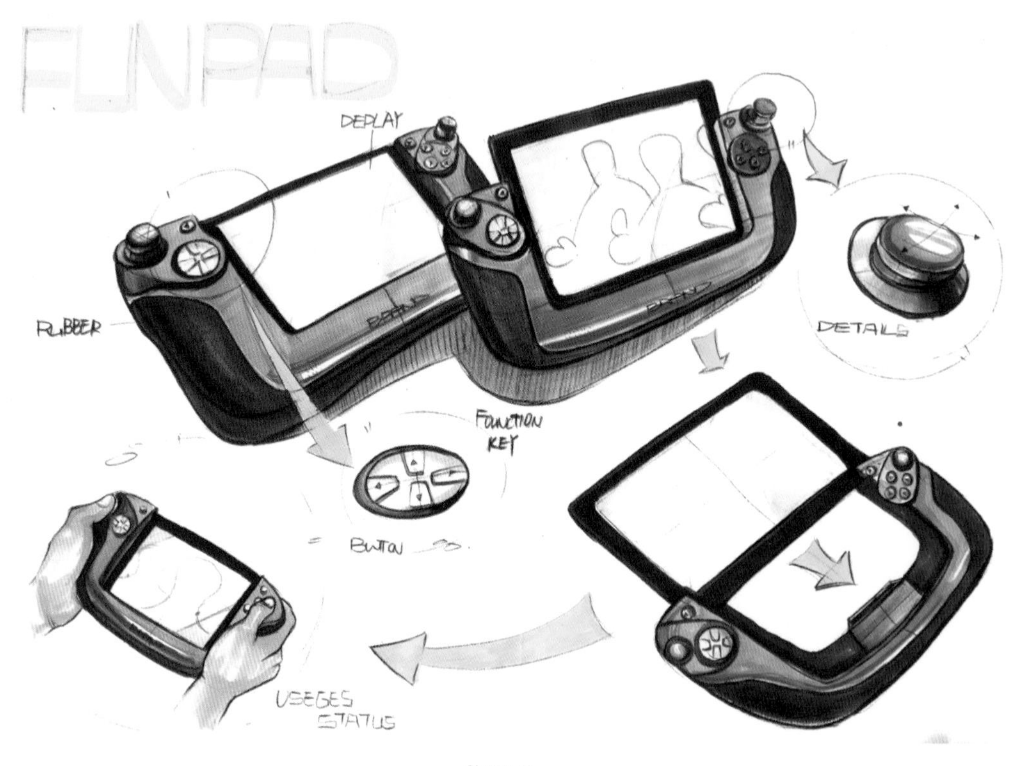
FUNPAD
DEPLAY
RUBBER
DETAILS
FUNCTION
KEY
BUTTON
USEGES
STATUS

附图 6

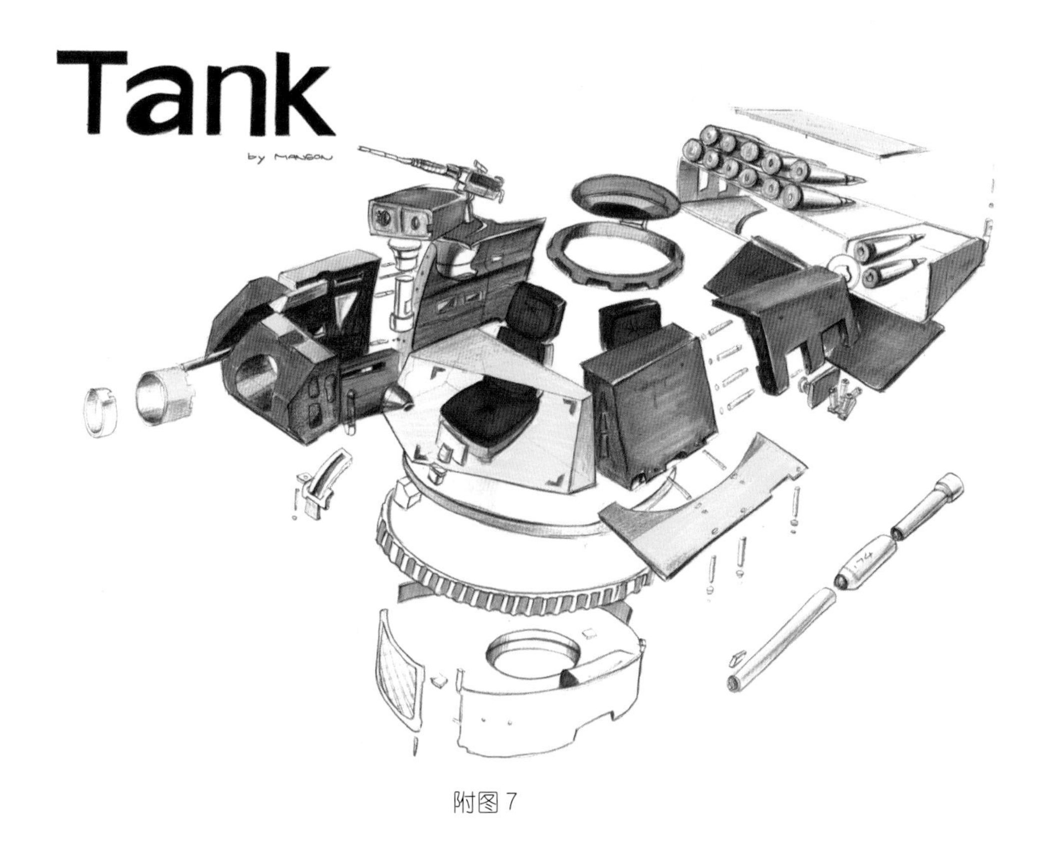
Tank

附图 7

MOBOL
PHONE
LENS
DISPLAY
CHROME
CAMERA
EXPLOSIVE VIEW
FINALLY
CHROME
KEYS

附图 8

二、综合表现作品

附图 9

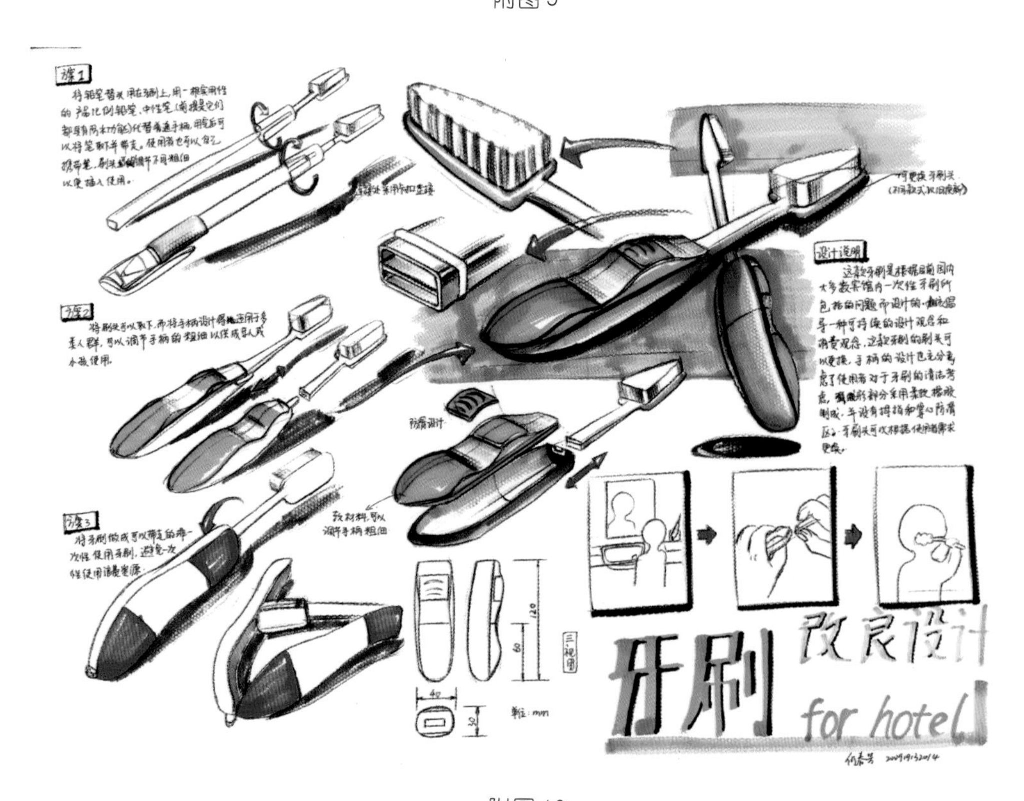

附图 10

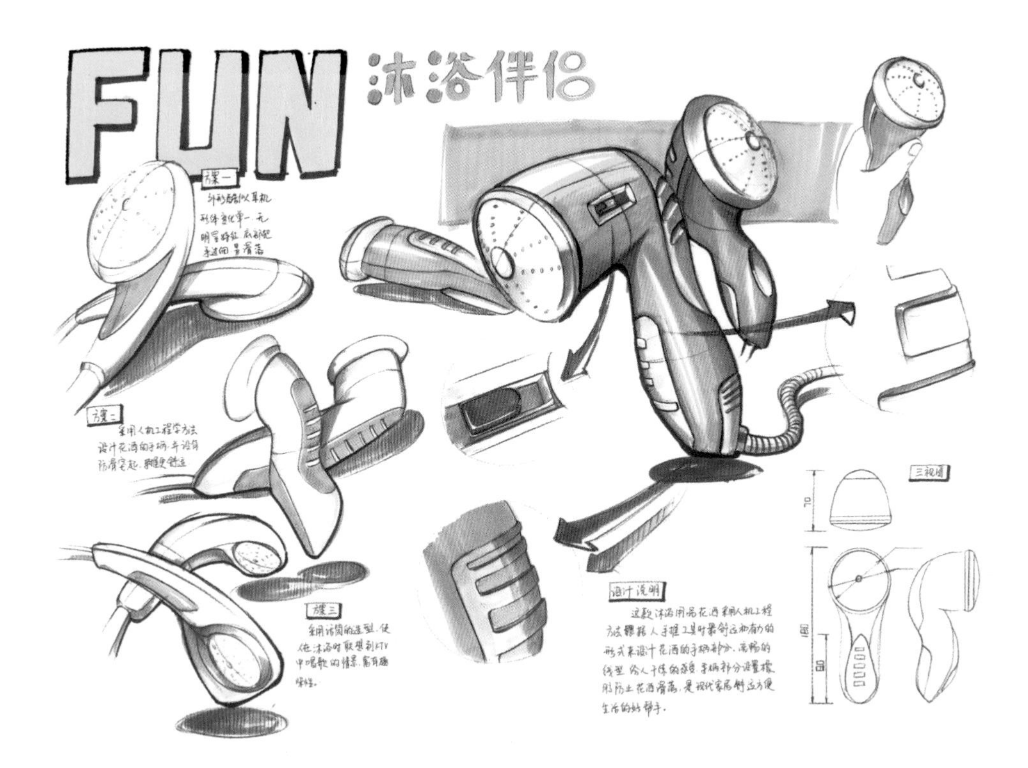

附图 11

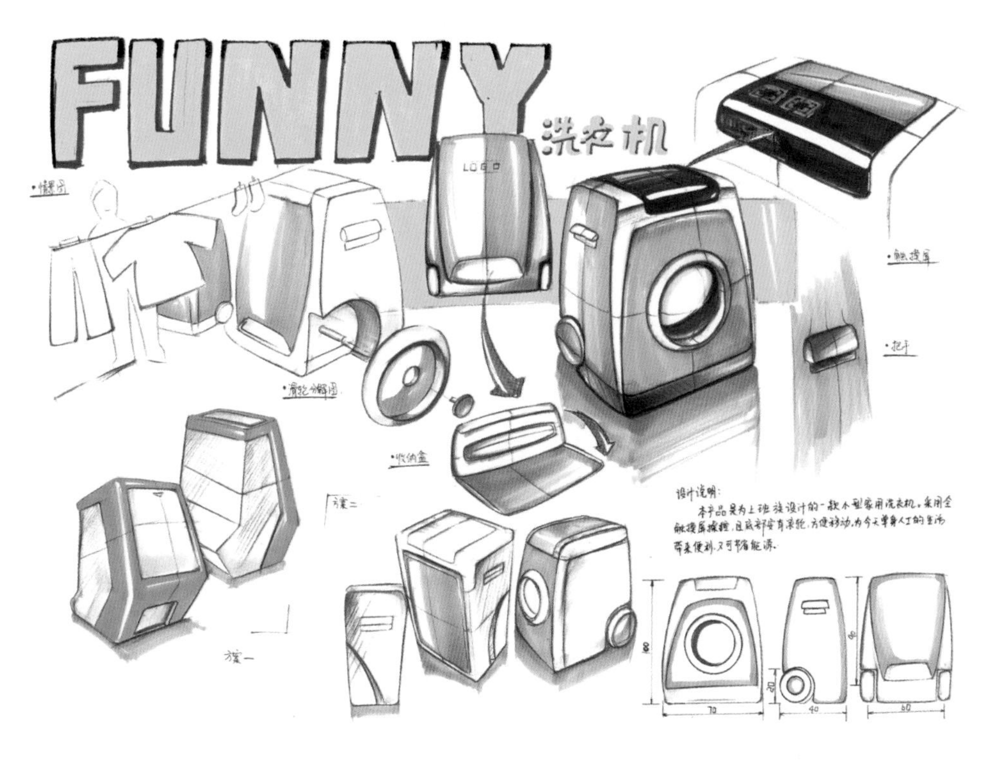

附图 12

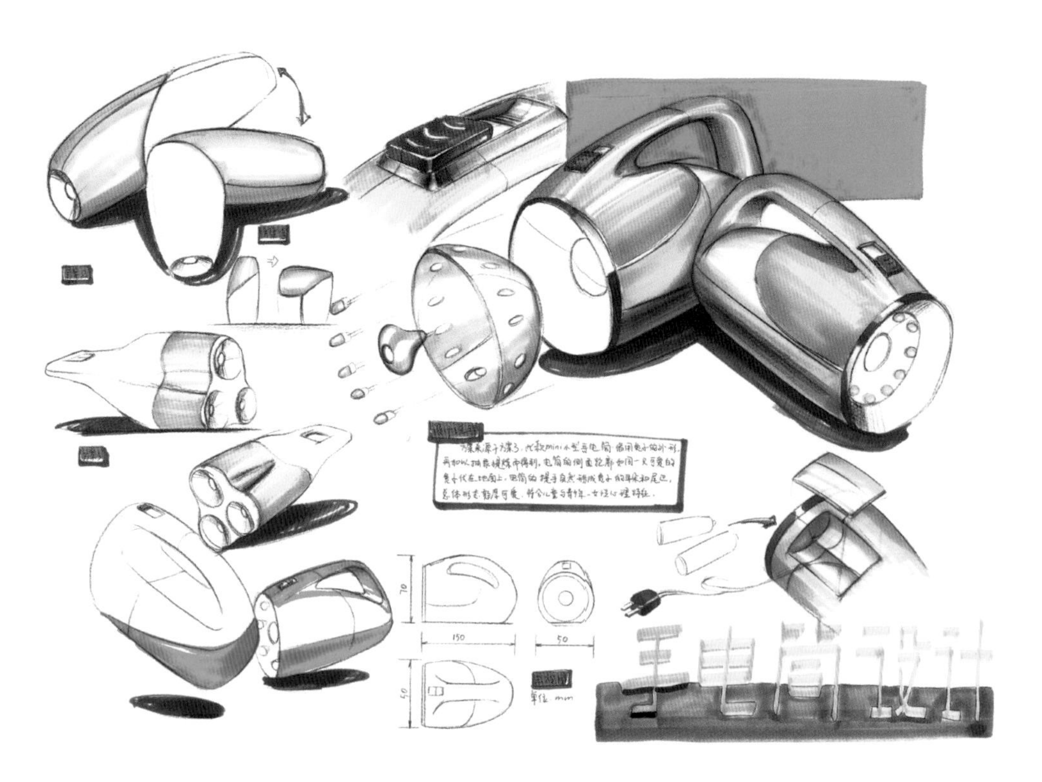

附图 13

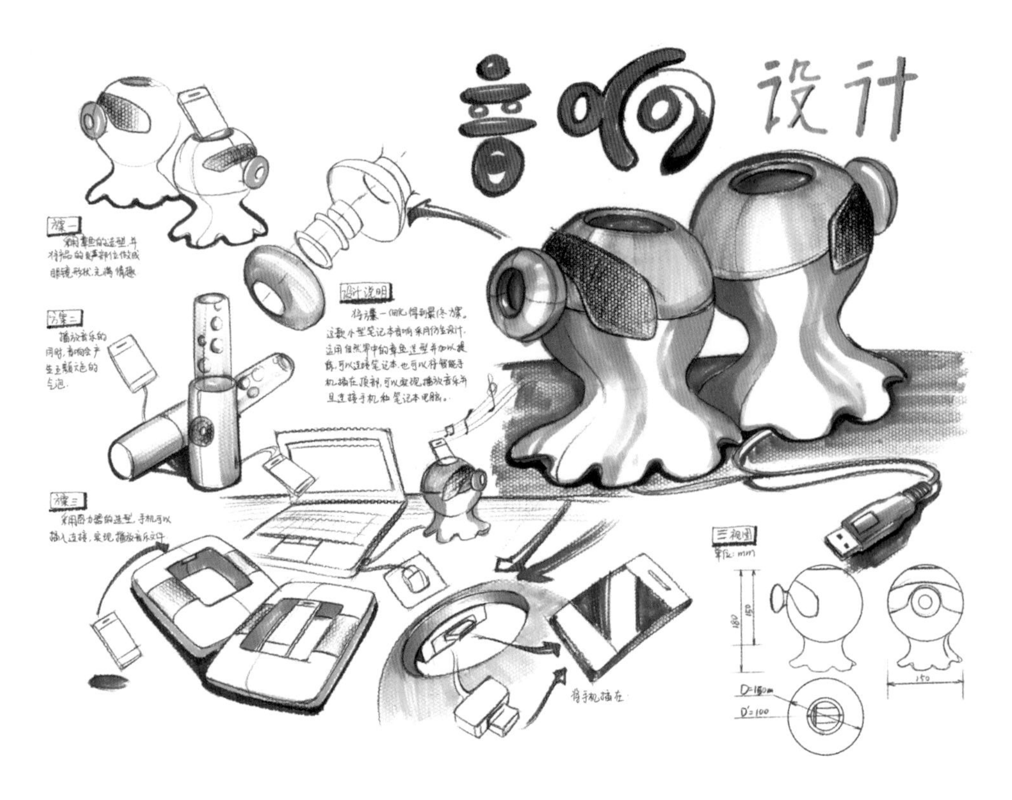

附图 14

三、底色浅层画法表现作品

附图 15

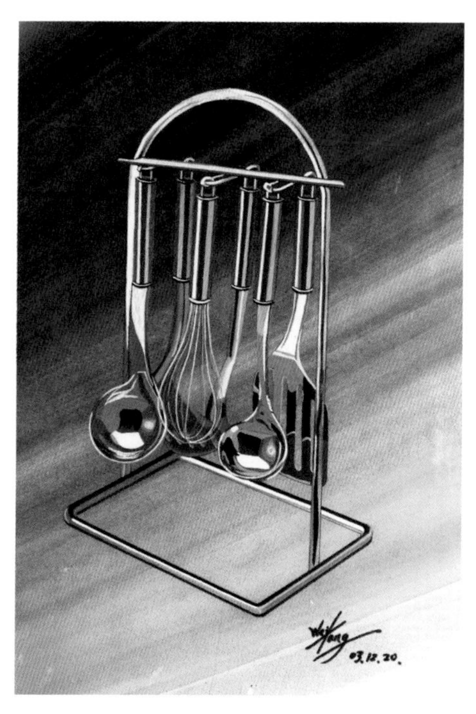

附图 16

附图 17

TAG
HEUER
Chronometer
Officially certified
200 METERS

附图 18

Kawasaki
KBATL

附图 19

附图 20

附图 21

四、写实画法作品

附图 22

附图 23

ZX-9R
Kawasaki
ZX-9R
2005.5.18. PENG YUN

附图 24

Mercedes
Benz 66962118
David
2
Mobil
COMPUTER ASSOCIATES
BRIDGESTONE
POTENZA
Mobil

附图 25

五、实物产品设计图

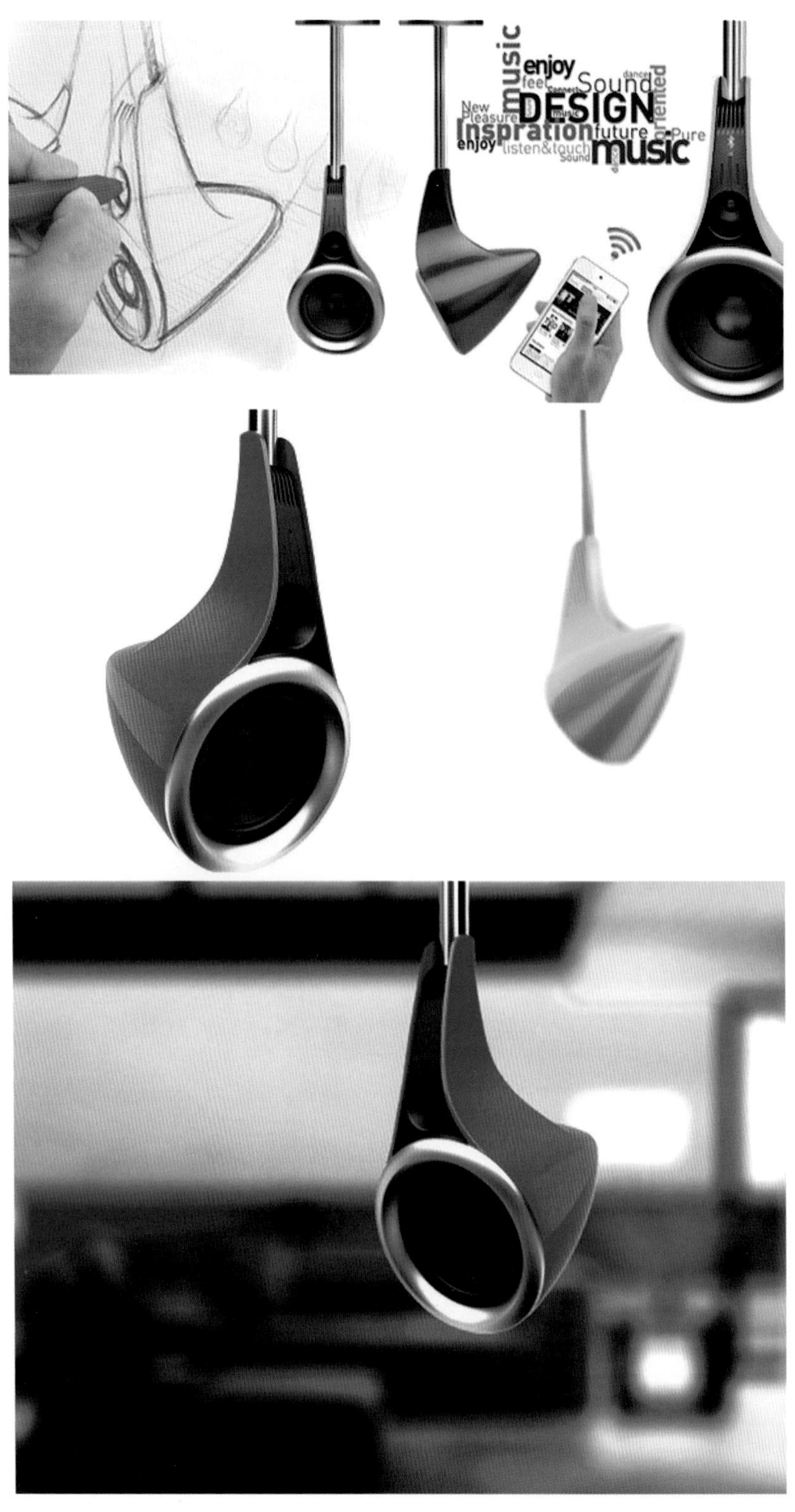

附图 26　蓝牙音箱（一）（设计者：Murat Armagan）

附图 27　蓝牙音箱（二）（设计者：Murat Armagan）

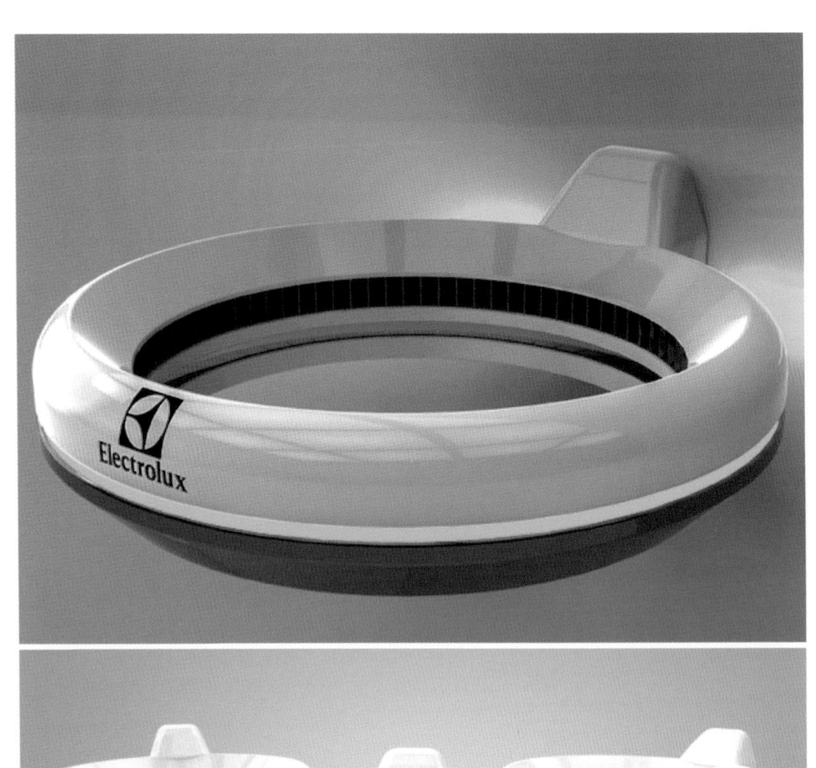

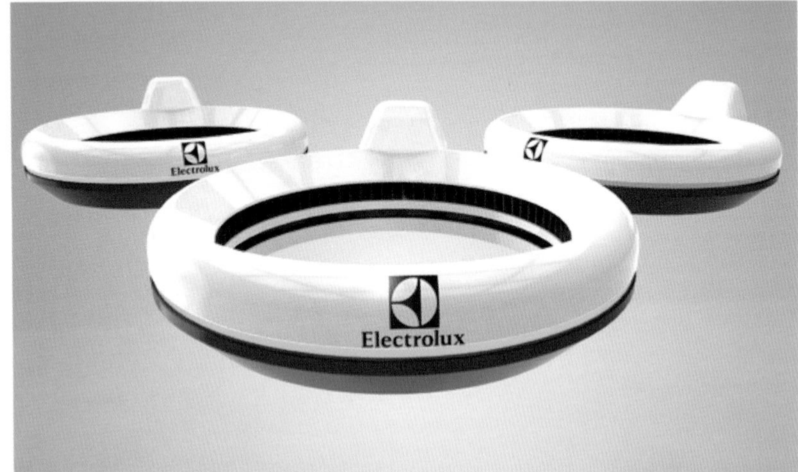

附图 28　毛巾烘干机（设计者：Leobardo Armenta）

附图 29 概念腕戴手机（设计者：Mithun Darji）

附图 30　Rocking PAD（设计者：Ma Hui-Chuan，Cheng Yan-Jang and Fong Mu-Chern）

附图 31　概念洗衣机（设计者：Sakher Abushammala）

附图 32　三星概念家庭影院（设计者：Kyuho Song）

附图 33 概念滑板车（设计者：Ignas Survila）

附图 33　概念滑板车（设计者：Ignas Survila）（续）

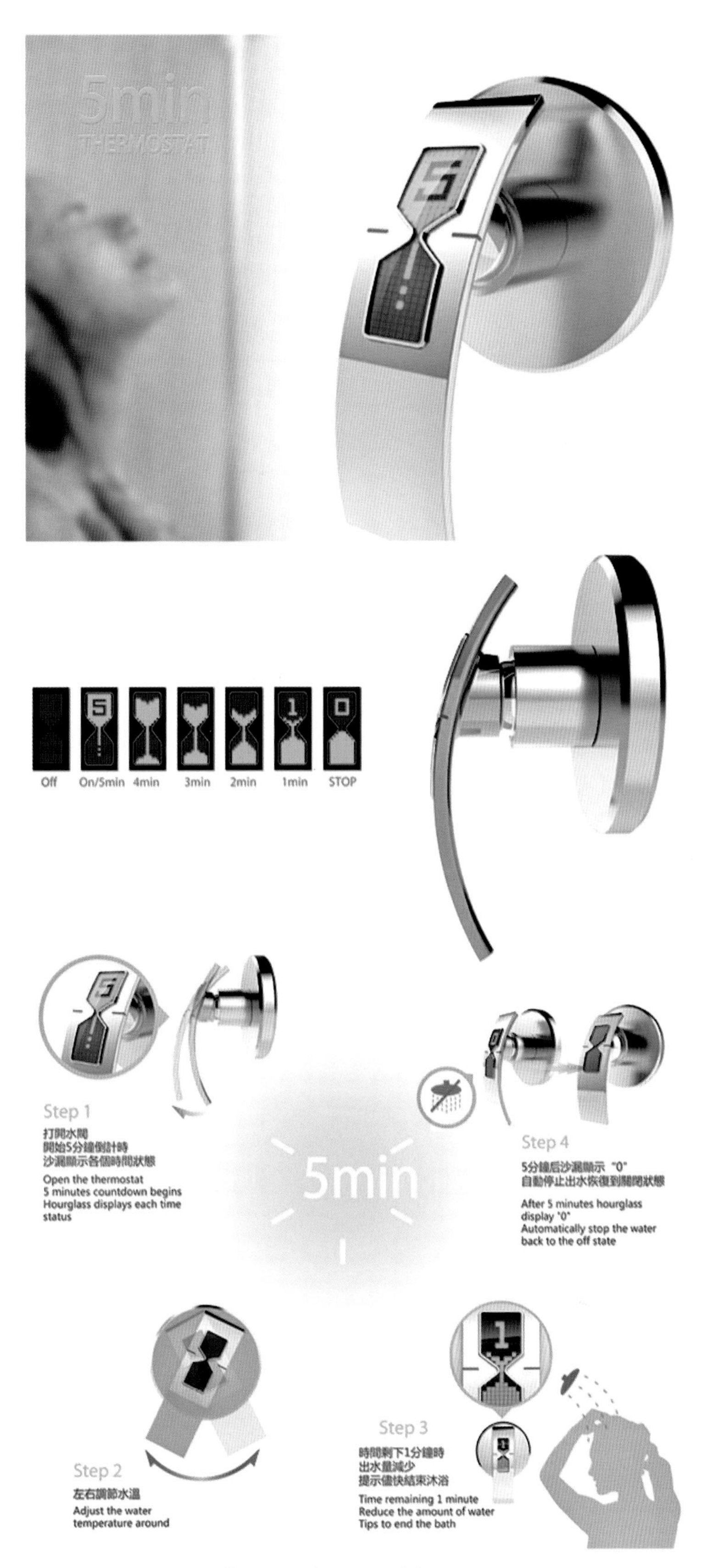

附图 34 淋浴计时产品（设计者：Su Mei Xian）

附图35　迷你洗衣机（设计师：Kyumin Ha）

参考文献

[1] 曹学会，袁和法，秦吉安．产品设计草图与麦克笔技法［M］．北京：中国纺织出版社，2007.

[2] 何颂飞，张娟．工业设计：内涵·思维·创意［M］．北京：中国青年出版社，2007.

[3] 何颂飞，杜宝南．工业设计2：创新·经验·思维［M］．北京：中国青年出版社，2007.

[4]［美］美国工业设计师协会．工业产品设计秘诀［M］．北京：中国建筑工业出版社，2004.

[5]［美］克里斯蒂娜·古德里奇．设计的秘密：产品设计2［M］．北京：中国青年出版社，2007.

[6] 刘传凯．产品创意设计［M］．北京：中国青年出版社，2005.

[7] 刘传凯．产品创意设计2［M］．北京：中国青年出版社，2008.

[8]［荷］库斯·艾森，罗丝琳·斯特尔．产品设计手绘技法［M］．陈苏宁，译．北京：中国青年出版社，2009.

[9]［荷］库斯·艾森，罗丝琳·斯特尔．产品手绘与创意表达［M］．王玥然，译．北京：中国青年出版社，2012.